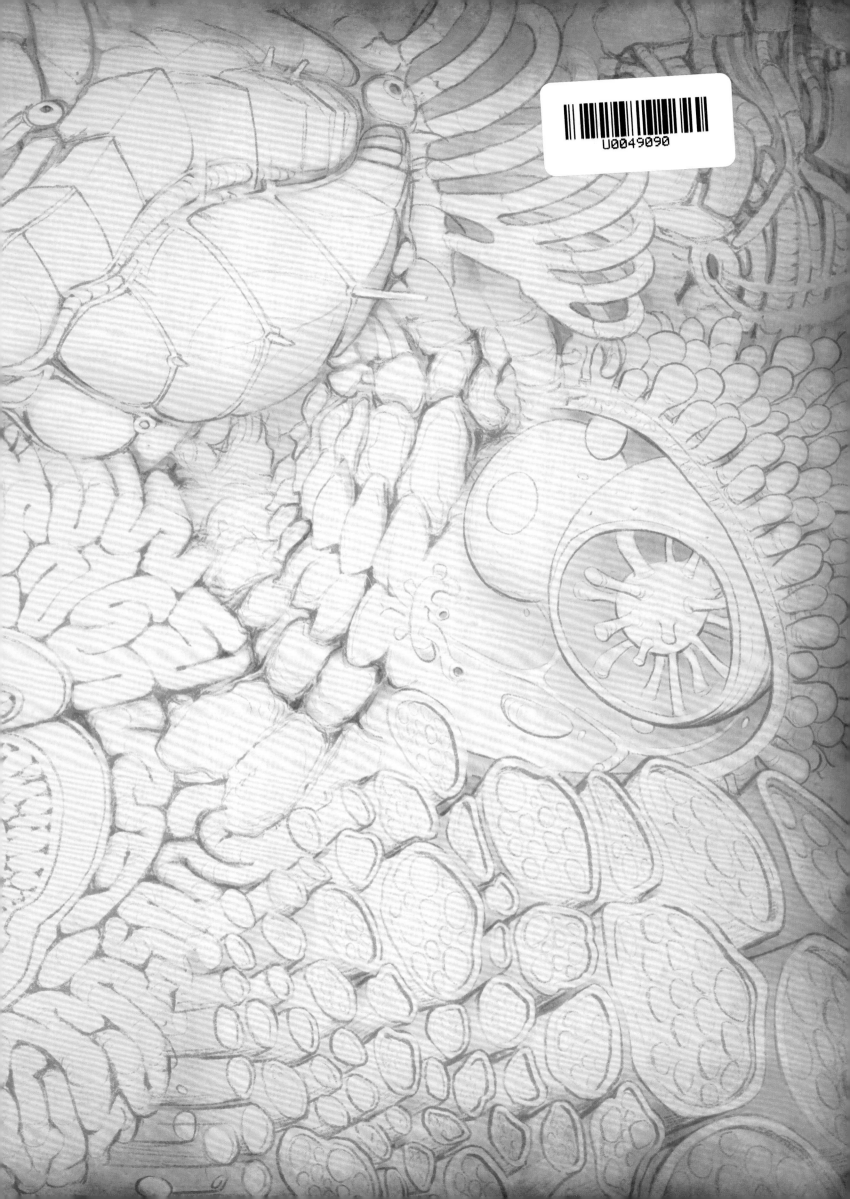

MARVEL 全圖解

漫威超級英雄 ＆反派角色

從科學角度拆解 超能力背後的祕密

作者
馬克·蘇梅拉克 MARC SUMERAK
丹尼爾·華勒斯 DANIEL WALLACE

繪者
喬納·洛伯 JONAH LOBE

譯者
楊景丞

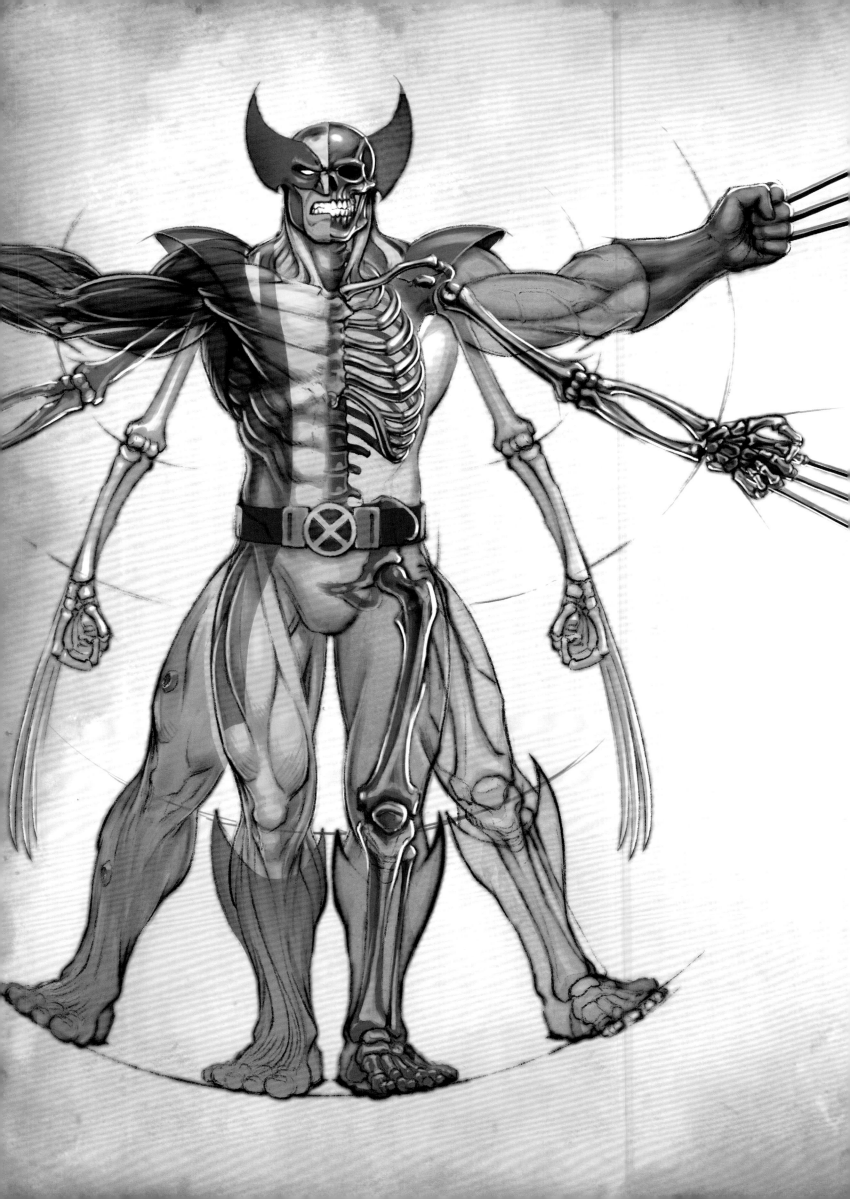

MARVEL
ANATOMY

A SCIENTIFIC STUDY OF THE SUPERHUMAN

WRITTEN BY
MARC SUMERAK
AND
DANIEL WALLACE

ILLUSTRATED BY
JONAH LOBE

INSIGHT
EDITIONS

SAN RAFAEL • LOS ANGELES • LONDON

目錄

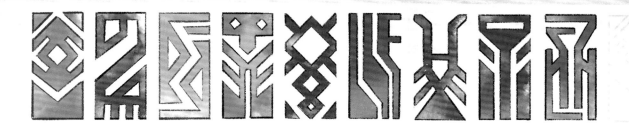

I
引言

忠誠的子民，你好。你之所以能看到這些檔案，代表瓦干達——也許還有地球本身——已經岌岌可危了。你是我所信任能幫助我們拯救世界的少數人選之一。

當我的父王帝查卡在數年前遭到外國入侵者殺害時，我認清了一個殘酷的事實，就是永遠會有人想奪走屬於我們的東西。自登上王位後，我目睹了無數次有人想侵略我們的神聖國土，但那些舉動皆以失敗告終，直到現在。

昨晚，我最信任的一位諫臣試圖刺殺我，我成功擋下他的攻擊，但他凶猛的攻勢與我勢均力敵。在戰鬥中，攻擊我的諫臣受到致命傷。隨著他的眼神變得黯淡無光，真相終於顯露。他的凡人空殼在我懷中幻化變形，展現出一個不曾在這個世界上出現過的形體——史克魯爾人。

史克魯爾人是能變形的外星人，他們天生的生理特徵讓他們能改變自身外表。許多年來，他們能精湛地模仿任何人的能力，幫助他們滲透了包括我們在內的無數星球。我的盟友開發出高科技工具來辨識我們之中是否潛藏著史克魯爾人，我將這些方法納入瓦干達自己的防禦網。然而，我們的外星敵人似乎又找到了躲避偵測的方法。

一名史克魯爾人在未被發現的情況下突破瓦干達人最高等級的安全防衛著實令人佩服，但我得知這並不是一起獨立事件。對於全球各地超人類盟友的刺殺行動密報證明了我的懷疑——被鎖定的目標包括「驚奇先生」李德·理查斯、「X教授」查爾斯·賽維爾、「鋼鐵人」東尼·史塔克和「奇異博士」史蒂芬·史傳奇。這還只是第一波攻勢，目的是除掉最強大的超級英雄。如果史克魯爾人能將我們星球上這些傑出的領袖殺得措手不及，那我們便無從知悉他們的勢力已經滲透到其他何等權級。入侵即將到來，我們必須做好準備。

由於不知道能信任誰，在我苦思該如何揭發這些入侵者時，我選擇相信我作為一名復仇者多年來蒐集的資料。由於史克魯爾人的變形純粹是身體上的轉變，這些假冒者無法在沒有輔助強化的情況下複製多數超能力的效果。因此，若要確認地球出生的盟友確實是他們本人的話，我認為關鍵在於對他們的解剖構造起源有全面性的瞭解。由於時間緊迫，而且這樣的勘查必須保護所有研究對象而暗中進行，我無法充分證明這裡提出的許多科學理論是否有效。一旦這股威脅消失，我期待有機會能進一步檢驗這些假設。

我們必須揭發這些假冒者，並召集更多戰士加入我方陣線。我擔心地球上最強大的個體若沒有全部團結起來，我們會無法贏得這場戰鬥——即便其中甚至包括過去曾是我們的敵人。當我們星球的安全受到威脅時，我們對英雄與惡棍的劃分便不再重要。我們是一體的，一起為我們稱之為家園的世界而奮戰。

我和妹妹舒莉已經針對許多感興趣的對象進行了分析，但如果沒有你值得信賴的幫忙，這項任務將過於艱鉅。記住，時間緊迫，此刻史克魯爾人已經在我們的世界找到立足點，且將會迅速出擊，奪走我們的星球。在我們得知有誰真正站在我方陣線前，瓦干達的命運——也許還有地球的——就掌握在你手中。

我向黑豹女神巴斯特祈禱，你的真知灼見將會引領我們邁向勝利。

瓦干達萬歲！

- 正如我古老的祖先在亡者之城的牆上刻下精巧的符號，為後代子孫記錄偉大的故事，我也創造出我自己的一系列字符，來將此處探討的強大個體的獨特力量分門別類。

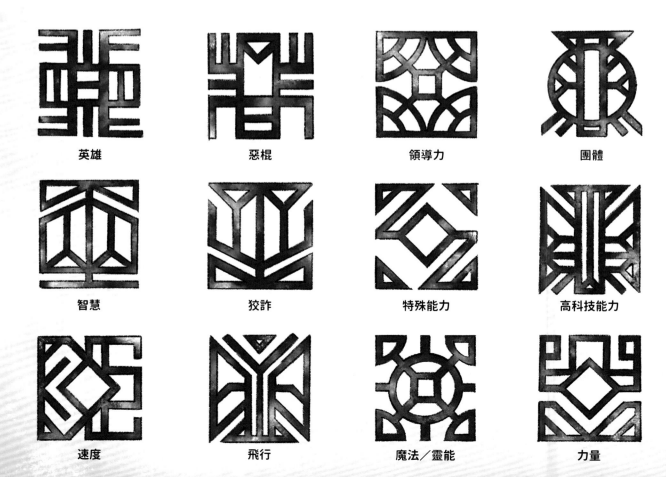

英雄	惡棍	領導力	團體
智慧	狡詐	特殊能力	高科技能力
速度	飛行	魔法／靈能	力量

雖然我的哥哥是瓦干達的國王，但並非只有他一人在保護這片神聖的土地。我很樂意提供協助，不只是關於生物學的專門領域，我也能對某些個體利用的先進科技提供見解。透過結合我們的專業領域，我認為我們能找出最能信任的超能力者來幫助我們擊退這場祕密入侵。

舒莉

至上學

雖然科學上的進步可能是解開超人類潛能的關鍵，但我們也不能排除其他起源點——無論是關於基因、科技，或是神祕學。身為黑豹，我是Damisa-Sarki（黑豹女神巴斯特的活化身），所以我能理解有些天賦的來源是遠超出科學所能充分解釋的。

驚奇4超人的李德·理查斯是我的同僚，他告訴我拉克娜·庫爾博士在至上學方面的研究，此為針對超能力的科學研究。庫爾博士假設無論各個超人類的起源為何，他們的存在都是一個實體的管道，連接到一個能激起他們能力的額外維度能量。庫爾博士把這個假設的泉源稱作「神之力」。

雖然本質依然只是理論，但倘若這種神之力真的存在，它便能對我們的困境帶來獨特的解決之道。如果我們能找到一種方法辨識並分離出在每個超人類盟友身上產生共鳴的個體頻率，也許我們就能找到驗證他們身分是否為真的關鍵。

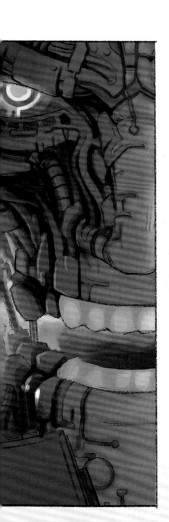

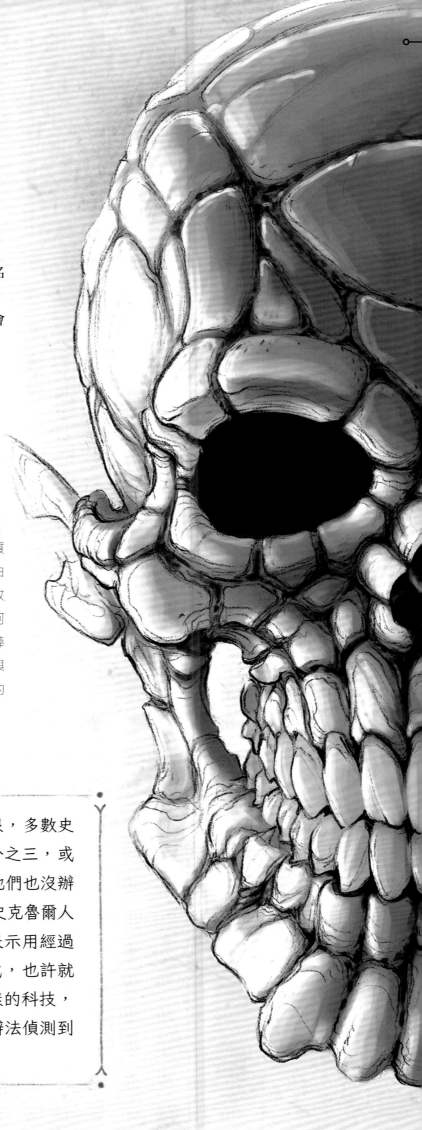

史克魯爾人

史克魯爾人是一個外星種族，由於渴望發起星際戰爭而惡名昭彰。自從他們的家園被宇宙神祇「行星吞噬者」摧毀後，史克魯爾人便利用他們天生的變形欺瞞技能侵略了人類社會無數次，想把地球變成他們新的帝國中心。

 ## 變形能力

　　史克魯爾人具有可塑性的細胞結構讓他們能假冒不同的外貌。這種能變形的生理構造成因是細胞結構中天生摻雜了不穩定分子——這些分子的大小落在埃的尺度（用來測量僅有數奈米長的光波長），狀態介於能量和物質之間。這種二元性讓分子能在合適的情況下變換狀態。藉由集中精神，史克魯爾人能利用這些分子中潛藏的能量不斷改變皮膚的肌理與顏色，還有身體結構的形態來模仿幾乎任何生物的外觀。史克魯爾人還能把身體部位變成像是刀或棍棒之類的武器，或是假扮成無生命物體，儼然是完美的戰士與間諜。他們的五臟六腑還能隨意移位，避免原本足以致命的嚴重傷勢。

　　幸好史克魯爾人的變形能力有其極限，多數史克魯爾人只能縮小到他們身高的四分之三，或是長高 50%。若未經過有效的基因增補，他們也沒辦法理所當然地複製以能量為基礎的超能力。史克魯爾人需要保持高度專注才能維持變身形態，這表示用經過適當校準的設備擾亂史克魯爾人的神經模式，也許就能迫使他們變回原本的形態。如果沒有這樣的科技，通常只有在他們死亡、變回基態時，才有辦法偵測到潛藏的史克魯爾間諜。

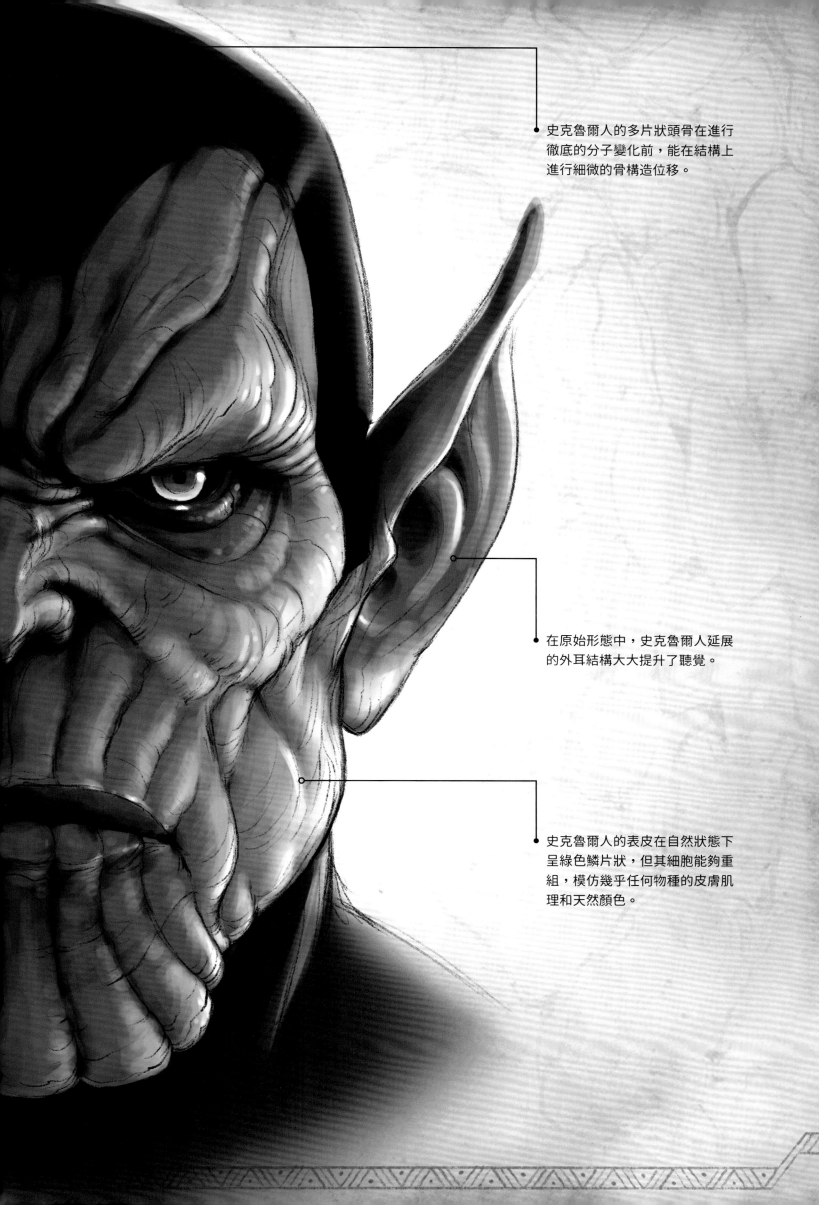

史克魯爾人的多片狀頭骨在進行
徹底的分子變化前，能在結構上
進行細微的骨構造位移。

在原始形態中，史克魯爾人延展
的外耳結構大大提升了聽覺。

史克魯爾人的表皮在自然狀態下
呈綠色鱗片狀，但其細胞能夠重
組，模仿幾乎任何物種的皮膚肌
理和天然顏色。

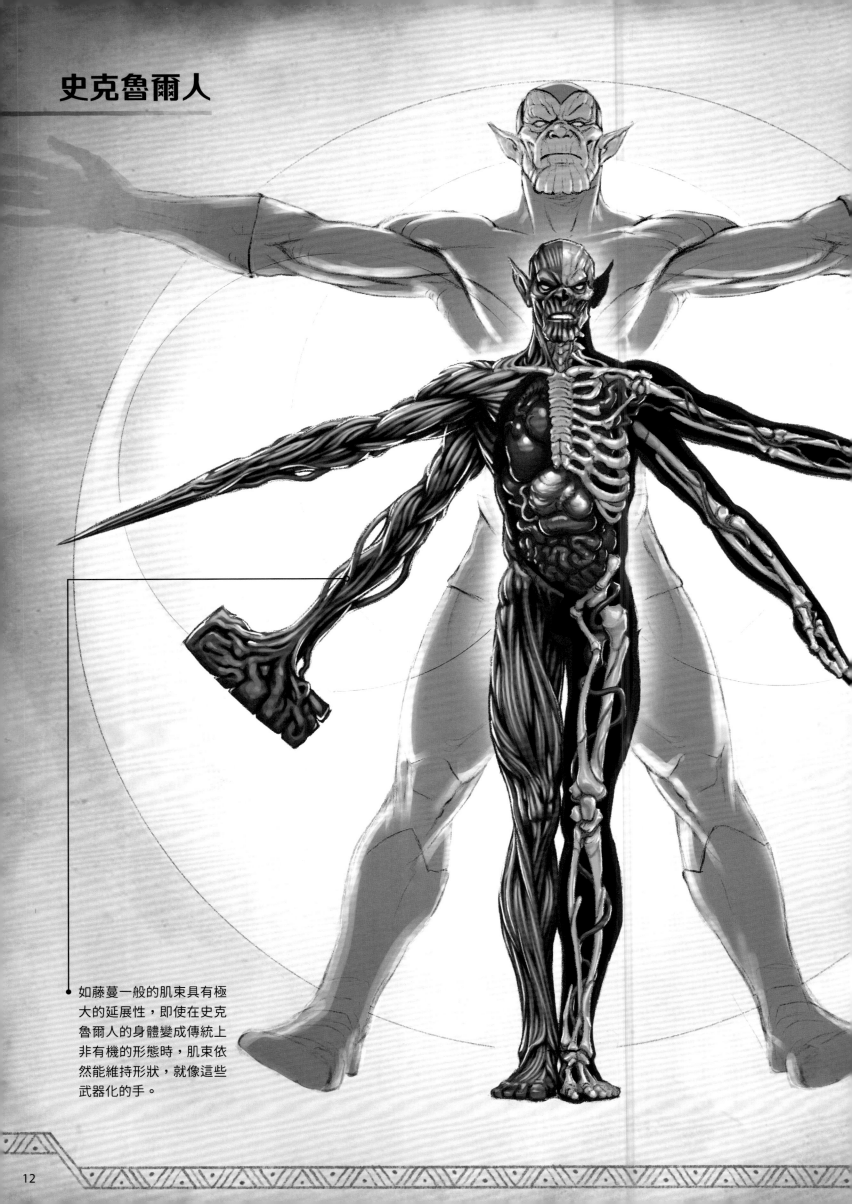

史克魯爾人

如藤蔓一般的肌束具有極大的延展性，即使在史克魯爾人的身體變成傳統上非有機的形態時，肌束依然能維持形狀，就像這些武器化的手。

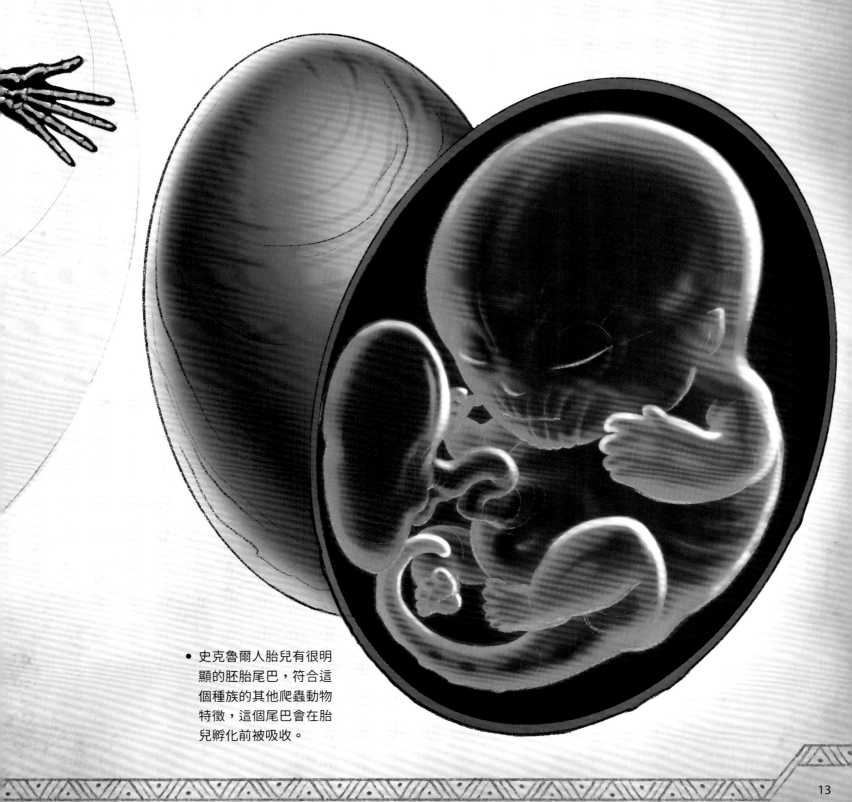

外星人生理構造

處於基態時，史克魯爾人很容易辨認。他們的身形與人類相似、有綠色的皮膚、擴大的耳朵和眼睛、有多道顎裂的下巴，還有很明顯的爬蟲動物臉部特徵。這些混雜的特徵同樣反映在他們的繁衍過程中，女性史克魯爾人會像爬蟲動物一樣產卵，卻又像哺乳類一樣養育孵化的幼子。史克魯爾人還有適應能力強大的基因，他們的傷勢能更快痊癒，同時能存活長達兩個世紀。

• 除非經過科學改造，不然史克魯爾人體型變大變小的能力會大幅受限於他們的身體質量。

• 史克魯爾人胎兒有很明顯的胚胎尾巴，符合這個種族的其他爬蟲動物特徵，這個尾巴會在胎兒孵化前被吸收。

史克魯爾人

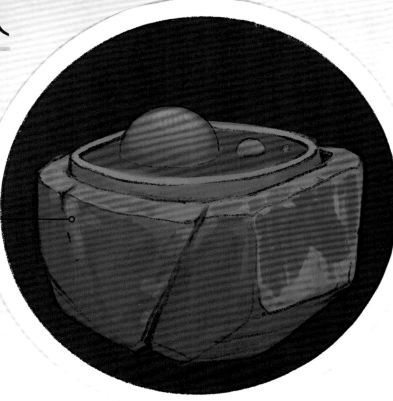

在經過科學強化後，史克魯爾人的細胞會擁有特別堅固、像石頭一般的外表。

除了基因增補帶來的力量之外，超級史克魯爾人還保留了他們種族能改變形體和外表的天生能力。

超級史克魯爾人

當史克魯爾人的詭計引起全面戰爭時，便會派出他們種族中最強大的成員——超級史克魯爾人。他們是經過人工強化的士兵，能複製超能力者的力量。一位名叫克爾特的著名超級史克魯爾人，能同時重現驚奇4超人所有成員的能力。值得注意的是，模仿能量超能力的能力並不是史克魯爾人的自然形態與生俱來的，因此超級史克魯爾人要透過能讓他們與宇宙能源產生連結的大量仿生工程，來取得一系列強化能力。我認為當超級史克魯爾人使用增強的力量時，其釋放的特殊能量特徵會與他們假扮對象的基線能量讀數產生直接衝突，我們就能立刻偵測到。因此，我的理論是：史克魯爾人不會在侵略計畫的這個階段就冒險派出他們的精銳部隊。

評估

就算我們對他們的存在視而不見，史克魯爾人也一直是這個世界的威脅。由於他們的形體適應能力，目前無從得知地球上潛藏著多少史克魯爾間諜。既然現在已經發現了他們的存在，就必須假設他們會加速追求統治——我擔心這個計畫的執行程度可能已經比我們任何人想像得更深了。

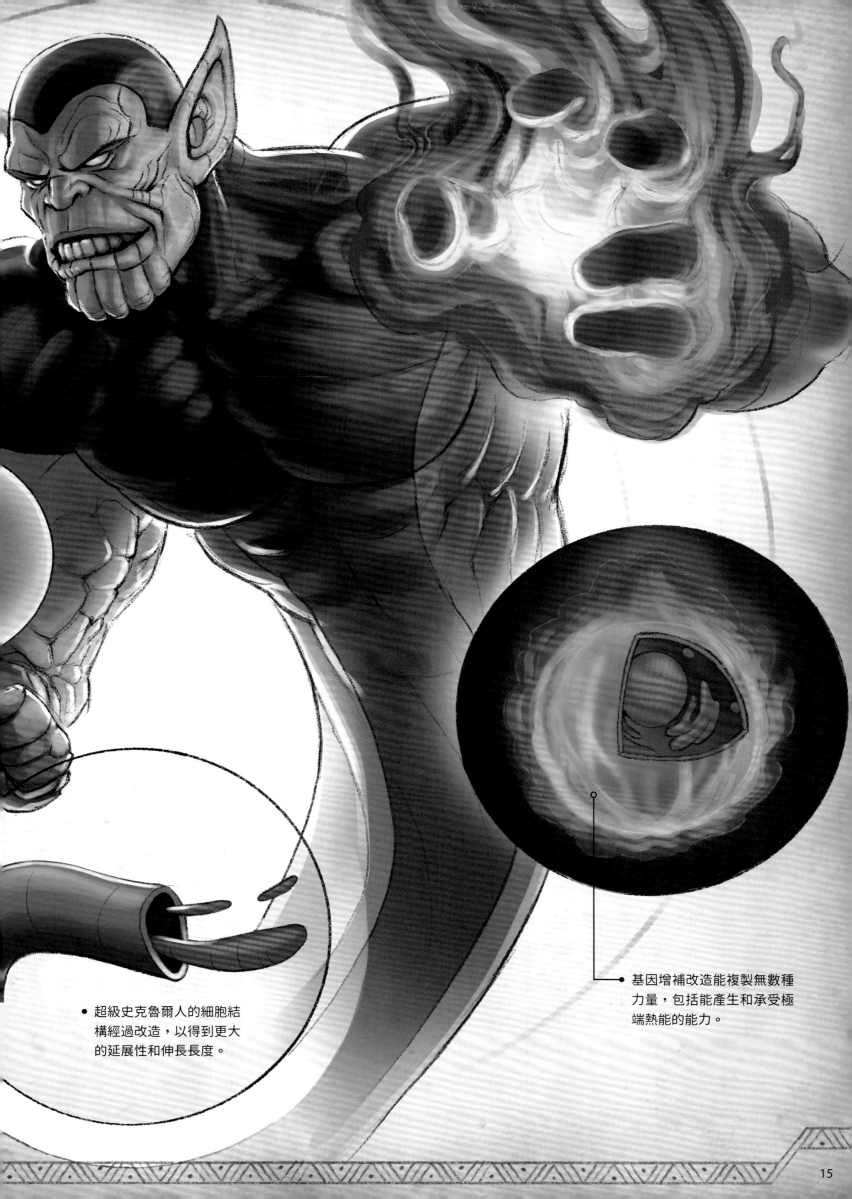

基因增補改造能複製無數種
力量,包括能產生和承受極
端熱能的能力。

超級史克魯爾人的細胞結
構經過改造,以得到更大
的延展性和伸長長度。

2

科學英雄

自古以來，我們人類克服了無數挑戰來確保我們這個物種的存續。科學的發展徹底革新了人類社會，使人類能遠遠突破生理限制。這樣的進步導致了一些只能被歸類為超人類的個體出現，其中許多獨特的人物已經成為佼佼者，而有些人則讓我們對科學的走火入魔引以為戒。然而，所有超人類都是不容置疑的奇跡。

在本章中，我們將探索因實驗或事故而遭遇非天生基因改造的人類，還有那些仰賴科學系統取得生物力量的對象。而力量來自神經機械植入物、宇宙射線和自然突變的個體則將稍後再探討。

蟻人與黃蜂女

英雄有各種身形及大小，而對蟻人與黃蜂女來說，沒有什麼因素比這兩者更重要的了。這兩位英雄的能力都要歸功於由亨利・皮姆（暱稱「漢克」）所發現、並以他命名的次原子粒子。皮姆博士在發現這種「皮姆粒子」能使他縮小到昆蟲般大小或變大到跟摩天大樓一樣高之後，他成為了初代蟻人，而他妻子珍娜・范達因也成為黃蜂女。

◈ 皮姆粒子

皮姆粒子源自於額外維度，能透過一種名為「超定相」的方式來增加或縮小任何物體的體積和質量。用皮姆粒子縮小物體時，物質會被轉向一個科斯莫斯空間，促成縮小過程中的質量損失；用皮姆粒子放大物體時，則需要從同一個空間中拉出物質。質量守恆定律說明宇宙中的質量和能量的總量必須維持不變，也就是任何質量或能量的異常增減都是不可能發生的——除非額外維度來源有辦法提供能繞過我們現實法則的方法。

蟻人能把質量轉移到一個叫科斯莫斯空間的替代維度來變成各種大小。

• 身高增加　　　　　• 基線身高（大約6呎）　　　　• 部分縮小　　　　• 變小到昆蟲大小

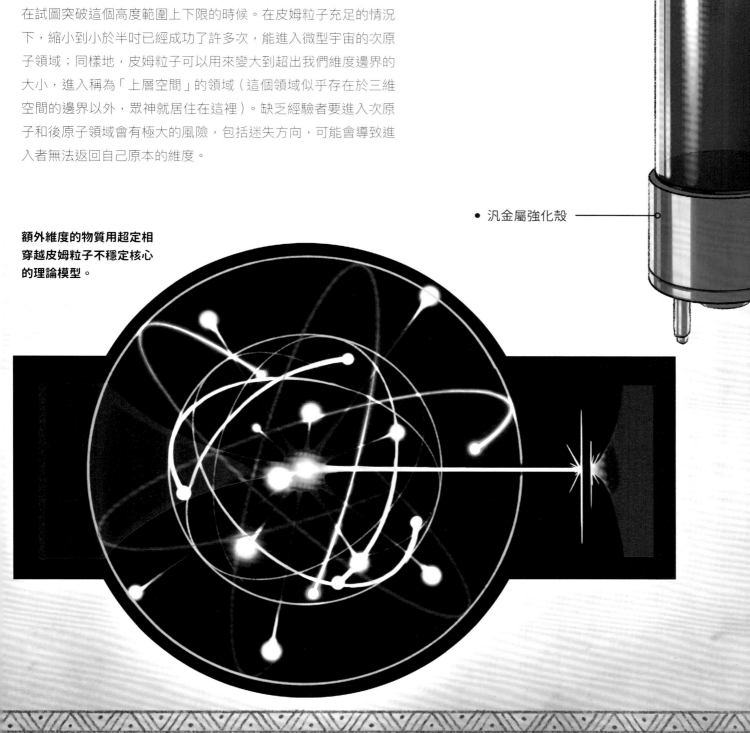

裝有皮姆粒子的特製小玻璃瓶，準備好進行氣體擴散。

- 釋放閥

- 壓縮氣體化合物混合處

- 皮姆粒子溶液

- 汎金屬強化殼

　　皮姆博士最初是把皮姆粒子注入可吸入的氣體化合物中來運用粒子的轉換能力。長期暴露在這些粒子中會導致細胞飽和與基因變化，不需要外在催化劑就能從根本上獲得改變大小的永久能力。現任蟻人史考特‧朗恩和黃蜂女的細胞飽和度都已經夠他們直接操控潛在的皮姆粒子了。

改變大小

　　蟻人和黃蜂女都能在大約半吋到50呎的高度範圍內自在地縮放。眾所皆知這樣的轉變會導致心理和生理的負擔，主要發生在試圖突破這個高度範圍上下限的時候。在皮姆粒子充足的情況下，縮小到小於半吋已經成功了許多次，能進入微型宇宙的次原子領域；同樣地，皮姆粒子可以用來變大到超出我們維度邊界的大小，進入稱為「上層空間」的領域（這個領域似乎存在於三維空間的邊界以外，眾神就居住在這裡）。缺乏經驗者要進入次原子和後原子領域會有極大的風險，包括迷失方向，可能會導致進入者無法返回自己原本的維度。

額外維度的物質用超定相穿越皮姆粒子不穩定核心的理論模型。

蟻人與黃蜂女

黃蜂女翅膀的生物合成蜂窩微結構是為了達到最大空氣動力效率而設計的。

- 珍娜·范達因是一位著名的時裝設計師，她每次改變大小都會更換服裝。她的戰服是以不穩定分子製成的，能跟她一起縮小和變大。

◈ 黃蜂女的翅膀

　　黃蜂女跟蟻人一樣能改變體型大小，同時還有幾種特殊能力。她的脊柱側面植入了一束合成細胞，使黃蜂女在縮小時能長出兩對生物合成翅膀。翅膀的根部與黃蜂女的脊椎骨和胸腔緊密結合，並透過由不穩定分子構成的支撐環固定住，而這種分子是以李德·理查斯博士開創的方法將其作為適形材料來應用。這些人造環能作為韌帶，讓黃蜂女調整翅膀角度和拍打速度來產生升力和速度。黃蜂女在飛行時展現出高超的機動性，使她難以被擊中。在她變回人類大小後，翅膀會縮回背部，隱沒在經過基因工程改造的表皮組織下。

根據伽利略的平方立方物理定律，隨著物體變大，其表面積會呈平方增加，體積則會呈立方加大。這意味著如果蟻人變大到他身高的十倍，他的體重自然就會變成一千倍，使他動彈不得。但實際情況並非如此，皮姆粒子是可能有辦法忽視伽利略的定律，讓使用者能保持在足以維持行動的任何質量大小。這個理論得到了史考特 · 朗恩的研究支持，他推測皮姆粒子有三個變項能調整。如果該理論正確，在精通皮姆粒子的情況下，使用者可以根據不同的威脅來調整他們的大小、力量和耐久性。用這個方法，一吋高的蟻人能以相當於正常體型人類的力量去攻擊目標。對於這些能改變大小的英雄，我們的觀察也能證實這一點。

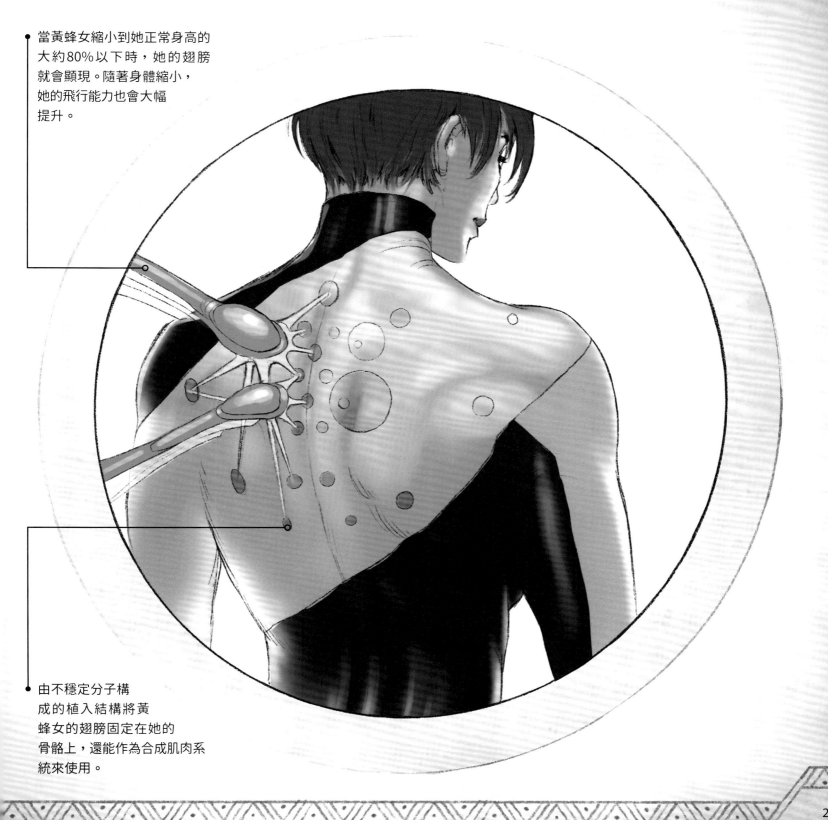

當黃蜂女縮小到她正常身高的大約80%以下時，她的翅膀就會顯現。隨著身體縮小，她的飛行能力也會大幅提升。

由不穩定分子構成的植入結構將黃蜂女的翅膀固定在她的骨骼上，還能作為合成肌肉系統來使用。

蟻人與黃蜂女

蟻人的控制頭盔讓他能跟大多數昆蟲溝通，但不是所有生物都能理解他的頻率。

◈ 生物電螫刺

在皮姆的監督下，黃蜂女進行了進一步的基因改造，她的身體能儲存細胞膜產生的生物電能。因此，每當黃蜂女使用皮姆粒子開始改變大小時，她體內帶電離子的數量都會大幅增加，然後她能從手中發射集中衝擊波來釋放能量。即使黃蜂女縮小到幾吋高，「黃蜂螫刺」的威力也足以在混凝土上轟出大洞。

縮小到微觀尺寸會碰上許多新的危險，其中許多危險如這種水熊蟲，通常是人眼無法發現的。

跟翅膀不同，無論黃蜂女想變成什麼大小，只要保留夠多生物電荷，她就能使出「螫刺」。

黃蜂女的細胞膜能儲存在改變大小過程中產生的額外能量，然後以集中衝擊波的方式釋放。

評估

能分別控制大小和質量的能力相當驚人，由於外星人生理構造的限制，史克魯爾人無法模仿這種規模的變化。雖然史克魯爾間諜有可能取得皮姆粒子，得到能改變體型大小的強化能力，但這機率比黃蜂女還小。因此在無可避免且即將發生的衝突中，這兩位英雄應被視為我們最重要的人才資產。

美國隊長

雖然他身披另一個國家的國旗，但很少有人比美國隊長更盡心盡力保護我的祖國。在我們成為復仇者聯盟戰友的幾十年前，隊長曾與我的祖父並肩作戰，一同抵禦入侵瓦干達的勢力，並與我國結盟，而他至今仍信守不渝。

◈ 強化生理構造

美國隊長是「處於巔峰」的人類。從表面上來看，他能展現出地球上頂尖的舉重運動員、田徑跑者和奧運體操運動員理論上能達到的最大力量、最快速度和最驚人的特技靈活度。儘管跟能單手舉起突擊坦克的英雄相比，他依然處於劣勢，但他不屈不撓的信念能勝過任何超人類仇敵。

他是透過1940年代由德國叛將亞伯拉罕·厄斯金博士為美國軍方研發的改造過程來提升身體素質。美國隊長本名為史蒂芬·羅傑斯，原本是厄斯金博士的研究對象。他因為體弱多病、骨瘦如柴而被軍方拒於門外，但他堅強的氣魄讓博士深感佩服，因此便招募他，列為「重生計畫」的最初實驗對象。

重生計畫包含兩個階段，受試者會先接受含有特殊化學配方的靜脈注射，接下來是受到隱形生命射線瘋狂照射，以激發血清的效果。以史蒂芬·羅傑斯的案例來說，這些因素的成功結合刺激了數百萬個新細胞快速生長，加強了他的肌肉組織，甚至拓展了他的心智能力。從生命射線艙出來後，羅傑斯可能是地球上出現過最完美的人類，然而在改造過程還沒來得及複製之前，厄斯金博士就被蓄意破壞的納粹分子殺害，使得這件事更增添悲劇色彩。美國隊長成為獨一無二的存在——隨著厄斯金的死，血清的化學成分和生命射線的特定波長便再也無從得知。

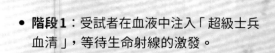

● **階段1**：受試者在血液中注入「超級士兵血清」，等待生命射線的激發。

階段2A：在生命射線的照射下，骨密度會迅速增加。

階段2B：數百萬個新細胞自發性地生成，肌肉組織也隨之擴張。

我相信厄斯金博士有受到表觀遺傳學理論的影響：具體來說就是基因表現的改造會導致生物的變化，例如厄斯金並沒有完全改寫實驗對象的 DNA，而是運用他具有突破性的技術選擇性地激發史蒂夫·羅傑斯現有基因組成中的特徵。羅傑斯依然是他自己，只是變得更強大了，他的每個基因都被增強到人類潛能的絕對極限。儘管年事已高，羅傑斯依然精力充沛，這是因為超級士兵血清仍在他血液中新強化的細胞裡不斷複製。

美國隊長

超級士兵血清讓美國隊長能成功撐過第二次世界大戰,甚至在他被冰封、處於無代謝狀態下的幾十年間避免他體溫過低。羅傑斯從假死狀態中甦醒後,發現自己的身體只出現輕微的退化,不過他的思想需要協助,才能適應這個拋下他繼續前進的世界。

- 出生於一百多年前,史蒂夫·羅傑斯依然保有20多歲頂尖運動員的身體素質。

- 美國隊長用經歷過嚴苛戰鬥訓練的雙拳來伸張正義。

◈ 巔峰人類特質

美國隊長體內的生物化學受到提升的血液循環、營養及淋巴液輸送增加的支持。這些增強的素質能幫助他以遠超過一般人類的速度從體內排出毒素,使他能長時間維持頂級的力量輸出,而且肌肉中不會累積乳酸產物。美國隊長能以高達30哩的時速奔跑,並舉起超過他體重三倍的重量。他靈活的身手和反應速度能輕鬆精通多種格鬥形式,像是柔道、柔術和空手道。

最著名的是,美國隊長以他的圓形盾牌為中心,開發出一種獨特的戰鬥技巧。這個盾牌以幾乎堅不可摧的汎金屬及一種實驗形式的亞德曼合金打造而成。羅傑斯可以投擲他的盾牌,讓盾牌多次彈跳來打倒數名敵人——這種招式是透過努力不懈的高精準度訓練才能做到,但要是他的手臂力量沒有增強、戰鬥意識也沒有因為認知能力提升而增加的話,他也不可能做到。

美國隊長靠著他迅速的戰術思維和快如閃電的反應速度，在戰鬥中以無可匹敵的精準度投擲和接住他的盾牌。

美國隊長的心肺功能強化程度是絕大多數人類無法企及的。

評估

美國隊長是英雄氣概的耀眼典範，是我們首要的招募目標，很可能在我們對入侵者的反擊行動中扮演要角。必須點明的是，史克魯爾人毫不費力就能複製他的巔峰人類特質，所以我們務必在提醒他注意這場危機之前先確認他是否為本尊。然而，一旦我們排除他被假冒者冒充的可能性，隊長數十年的經驗和卓越的戰術才華肯定會對我們的目標帶來巨大助益。

夜魔俠

夜魔俠以保衛紐約市地獄廚房這一區的街道聞名。他在小時候碰上一起離奇事故，導致他的眼睛被放射性化學物質潑到而失明。在他適應永久性失明後，發現他剩餘的感官已提升至超人類等級的敏銳。夜魔俠能以全新的方式感知周遭環境，成為受欺凌者的強大盟友。

● 夜魔俠的鼻腔裡有分布範圍擴大的嗅神經纖維，其感知能力也有所提升。

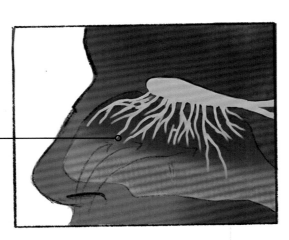

強化的感官

　　夜魔俠擁有增強的聽覺、嗅覺、味覺和觸覺，可能是因為暴露在放射性物質中，引發大腦頂葉突變的結果。具體來說，夜魔俠的體感皮層（大腦接收和理解感官輸入的區域）在處理從他強化感官輸入的訊號方面具有非比尋常的能力，讓他能在喪失視力的情況下建構對周遭環境的詳細描繪。

　　在夜魔俠周圍，即便是最微小的振動，他的內耳也能感受到聲波，然後用他增強的大腦過濾和翻譯。因此，他能隔著隔音牆聽見人們的竊竊私語，也能聽見從繁忙街道另一端傳來的心跳聲。夜魔俠的耳朵能察覺非聽覺頻率的聲壓變化，範圍涵蓋次聲波（大象和鯨魚等的動物會以此溝通）跟超音波（包含狗和蝙蝠在內的動物會使用）。

　　夜魔俠鼻子裡的嗅覺受器可以察覺到濃度低至百萬分之30的氣味，有助於辨識微量的化學物質和污染物。他幾乎能僅憑氣味就認出他見過的所有人，即便是在密集的人群中，相距長達50呎。

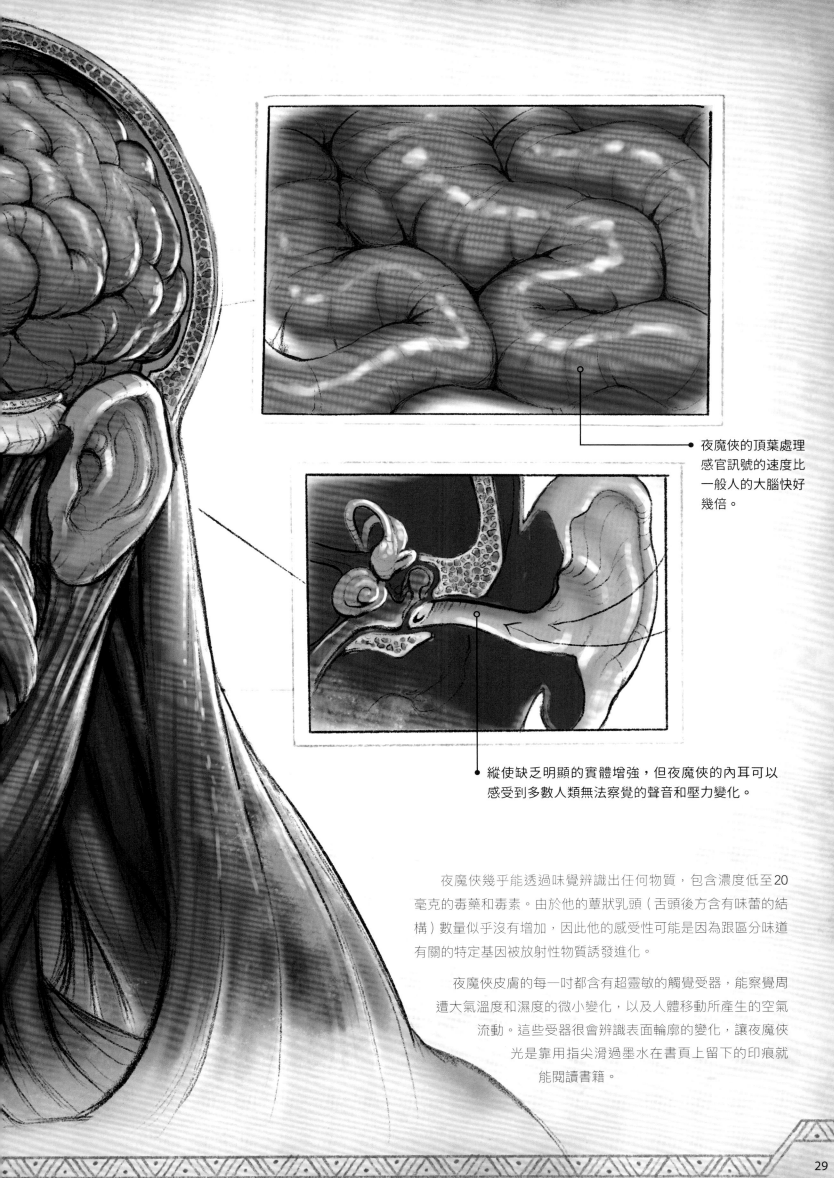

夜魔俠的頂葉處理
感官訊號的速度比
一般人的大腦快好
幾倍。

縱使缺乏明顯的實體增強，但夜魔俠的內耳可以
感受到多數人類無法察覺的聲音和壓力變化。

　　夜魔俠幾乎能透過味覺辨識出任何物質，包含濃度低至20
毫克的毒藥和毒素。由於他的蕈狀乳頭（舌頭後方含有味蕾的結
構）數量似乎沒有增加，因此他的感受性可能是因為跟區分味道
有關的特定基因被放射性物質誘發進化。

　　夜魔俠皮膚的每一吋都含有超靈敏的觸覺受器，能察覺周
遭大氣溫度和濕度的微小變化，以及人體移動所產生的空氣
流動。這些受器很會辨識表面輪廓的變化，讓夜魔俠
光是靠用指尖滑過墨水在書頁上留下的印痕就
能閱讀書籍。

夜魔俠

雷達感官

　　比夜魔俠強化的感官更有意思的，也許是能彌補他看不見的特殊「雷達感官」。這項能力使夜魔俠能在一百呎的範圍內察覺周圍物體的位置與接近程度，他的大腦能把這些印象轉化成單色的三維心像。夜魔俠的雷達感官不會受到絕對的黑暗和致盲光線的影響，但平板玻璃和傾盆大雨──雖然視覺上是透明的，但仍形成空間上的障礙──會以明眼人無法體驗到的方式干擾他的感知。

評估

　　雖說史克魯爾人已經找到方法躲過我們最先進技術的偵測，但夜魔俠的超感官能力也許能提供另一個意想不到的方法來找出藏身於我們之中的外星間諜。史克魯爾人能完美無瑕地複製一個人的外表，但夜魔俠超敏銳的感官很可能有辦法「看」穿表象。如果他能聽出史克魯爾人器官運作的細微差別，或是聞到他們外星人所散發出的微量特有化學物質，他就能在他們發動攻擊前幫我們辨識出潛在的威脅。前提是如果他本人還沒被假冒的話，因為他的人類生理構造相對來說較為普通。

關於夜魔俠強化的感知能力，我考量過一種原理，就是他的雷達感官跟聲納很像——這意味著他是使用聲音反射的回聲勘測出兩個物體之間的距離。第二種可能性是，觸發他超能力的放射性化學物質可能激發了他基因組成中固有的潛在突變，也就是能發出低強度電磁波的能力，使他能在腦中建構出詳細的地形圖。

瓦干達的聲波繪圖技術提供了夜魔俠使用雷達感官可能會「看到」的相似景象。

浩克

科學的進步賦予了我們世界上一些最英勇的捍衛者力量，但也造成空前的威脅。根據他的心情，浩克可能兩者皆是。我曾與這位翡翠色巨人對立過，也曾站在同一陣線，唯一能肯定的是他絕對不容小覷。

伽瑪突變

在軍事用地意外暴露於伽瑪輻射後，從事伽瑪炸彈研究計畫的科學家羅伯特・布魯斯・班納博士變成了一個綠皮膚的巨人。

先前曾提過，質量守恆定律說明物質無法憑空出現，所以我推測班納普通的體格之所以能以超快的速度增加數百磅體重，都是因為額外維度的能量轉移。隨著伽瑪能量的照射誘發他的細胞產生突變，也許班納在變身時的無意識大腦以某種方式打造出一條神經路徑，讓他能把這股伽瑪能量轉向另一個維度，換來超強壯的肌腱。

當浩克變回班納時，他似乎是把額外的質量送回相同的伽瑪維度。

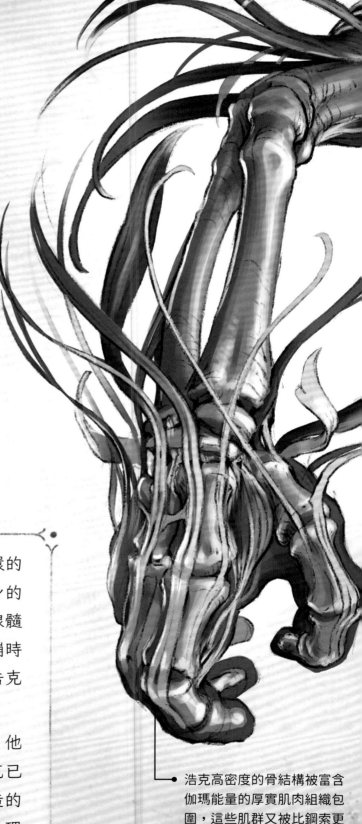

浩克高密度的骨結構被富含伽瑪能量的厚實肌肉組織包圍，這些肌群又被比鋼索更強韌的肌腱固定住。

許多年來，浩克的現身都是由包括晝夜循環的各種外在刺激所引發，但最常刺激班納變身的因素便是極度的憤怒。這類事件會導致他的腎上腺髓質分泌多到異常的腎上腺素，就像人類在情緒緊繃時會經歷荷爾蒙激增一樣，這樣的提升會讓班納和浩克的感知和身體能力大幅增強。

腎上腺素的分泌多寡也可能影響班納變身的速度，他變身時間的紀錄範圍是五秒到五分鐘。然而，浩克已經展現出在長期保持平靜時維持伽瑪強化生理構造的能力，我懷疑他變身的誘因是否不僅限於單純的生理因素。

擴張的循環系統通道讓浩克額外的身體質量能保持高度充氧，以便發揮最高效能的表現。

運用龐大的腿部肌肉，浩克可以用跺腳重踏來產生強大的衝擊波，或是用彈跳飛躍數哩遠。

浩克

◈ 力量

　　浩克是有史以來最強壯的生命體，能輕易舉起超過一百噸的重量，不過這當然不是他的極限，目前還沒有方法能測量出浩克的身體能力上限。掃描顯示浩克的肌肉組織含有密度高得異常的肌原纖維——有助於形成肌肉量的肌肉細胞鏈。他異常的肌肉組織由肌腱和韌帶驅動，跟加了汎金屬的工業纜線一樣強韌，而組成浩克骨骼的骨頭幾乎堅不可摧，並形成結實穩固的支撐結構。此外，當浩克進入暴怒狀態，隨之而來的腎上腺素激增會提升他的原始力量。因此浩克的口頭禪「浩克越憤怒，浩克就越強」其實是有科學根據的。

　　舉起並投擲重物、猛力砸碎東西只是浩克力量的幾種表現形式。如果他用夠強的力量拍手，就能發出類似音爆的指向性衝擊波。這波壓縮空氣會伴隨著一聲驚天巨響，產生超過每平方呎一百磅的力量，對目標和周圍所有東西造成重大損傷。浩克跺腳重踏時也會有類似的現象，這個動作也會產生衝擊波，但這種衝擊波會透過地面傳播。如果在大陸的斷層線附近施展這招，產生的串連震波將會引發地震。

　　雖然浩克沒有飛行能力，但他龐大的腿部肌肉能對腳下的支撐物施以夠強的反向作用力來躍向空中。這種驚人的跳躍會呈現拋物線的軌跡，其長度經測量可達三哩，高度則接近低地球軌道。

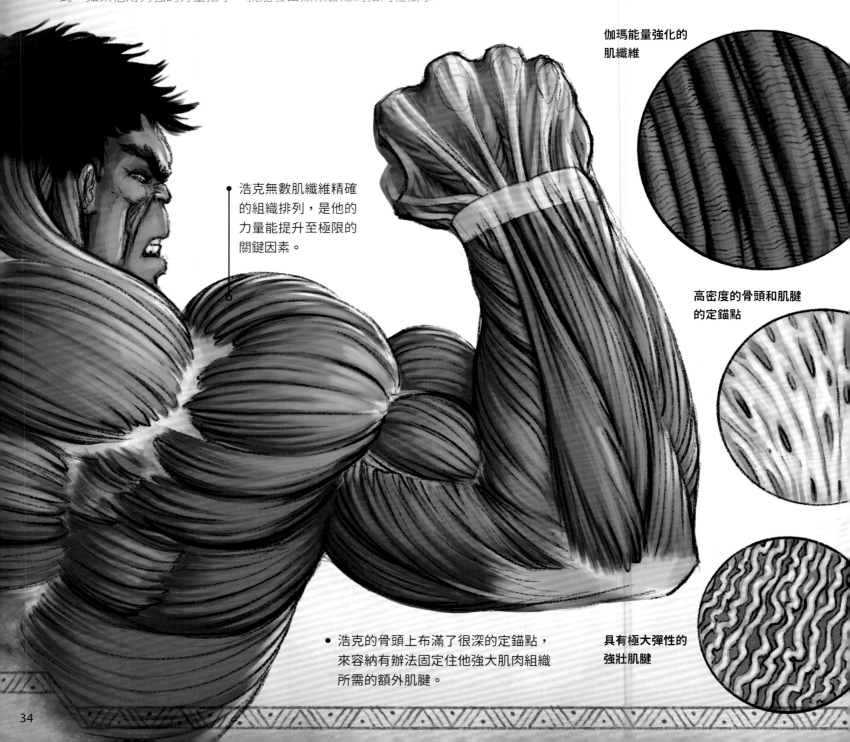

浩克無數肌纖維精確的組織排列，是他的力量能提升至極限的關鍵因素。

伽瑪能量強化的肌纖維

高密度的骨頭和肌腱的定錨點

浩克的骨頭上布滿了很深的定錨點，來容納有辦法固定住他強大肌肉組織所需的額外肌腱。

具有極大彈性的強壯肌腱

◈ 力量來源的理論

　　班納博士的父親是一位受人尊敬的政府核子研究人員。他所做的研究顯示，伽瑪輻射具有一種隱藏狀態，既不是波也不是粒子——是一種於「至下存在」額外維度領域產生的狀態，對這種存在的描述類似人類民間傳說對魔鬼的描繪。雖然我比多數人更了解某些力量具有神聖的起源，但除非我能排除其他科學解釋，否則我不願將伽瑪能量的這種特性歸類於「神賜」。

　　布魯斯·班納博士不管死亡幾次都能成功復活。由一個致力於研究具有伽瑪力量個體的機構「伽瑪飛行隊」提出的報告中，我的解讀是——在浩克能發揮全力的情況下，他本質上是永生不死的。浩克的再生能力變得非常強大，使伽瑪變身能修復班納身體的任何傷害，包括通常會致命的傷勢。最近的報告顯示，其他因伽瑪輻射而突變的生命體可能也具有浩克不尋常的復活能力。

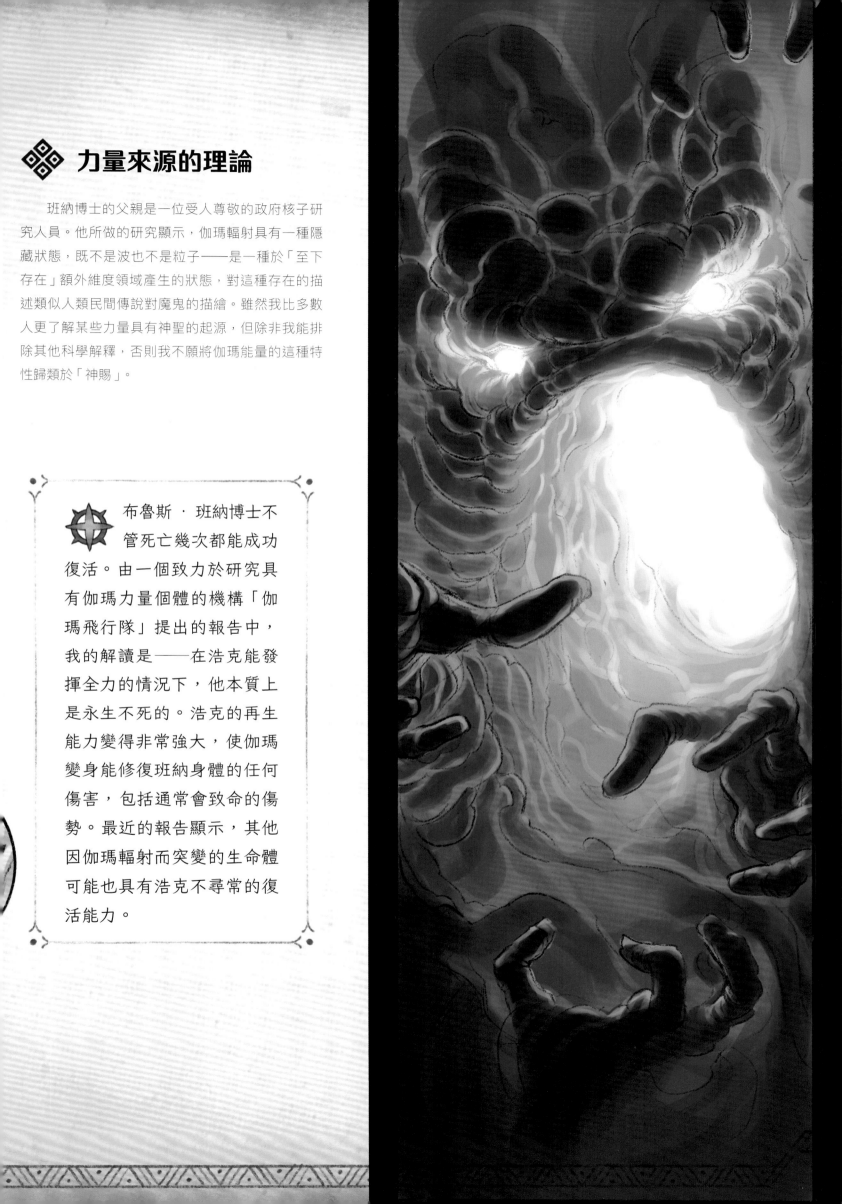

浩克

我的假設是班納的突變導致他的細胞合成出一種獨特的伽瑪蛋白質。這種蛋白質能與肌肉受體結合，並促使肌纖維進行快速的微撕裂和重組。一同發揮效用的還有額外維度的能量來源，會把原始的質量傳送到班納身上，不需要攝取熱量或仰賴代謝來成長。此外，如果這種獨特的蛋白質被宿主的身體吸收，它可能會擴散至皮膚的表皮層，賦予浩克特殊的綠色體色。

這個過程會讓個體的力量急劇成長，但我認為這種伽瑪蛋白質也可能透過血流移動與腦中的化學受體結合。雖然有明確紀錄顯示班納因童年遭受多年的虐待而患有解離性身分障礙，但這種伽瑪蛋白質的存在能解釋為何浩克的其他人格在肌肉組織和天然體色形成方面都有各自獨特的外在變化（除了班納本人，我們已經辨識出至少五個不同的人格）。由於班納的各種浩克人格在智力和社會意識的程度也各有高低，所以能刺激浩克變身的掌管因素，其本質很明顯是心理上的（憤怒），並具有不同的實體效果（肌肉組織）。

班納的浩克人格最常見的外在表現是他綠皮膚的外觀，智力通常也很像小孩子，其他出現過的人格包括：

· 喬‧菲希特：灰皮膚、言行兇狠的浩克，跟組織犯罪有所牽連。
· 教授：綠皮膚的浩克，依然保有班納的高智力。
· 惡魔浩克：綠皮膚的惡毒浩克，擁有班納的所有智能。
· 綠殤：浩克在統治角鬥士星球薩卡星期間所形成的強大人格。

我還推測班納的身體會把他的突變蛋白質視為外來抗原，使得他的免疫系統開始攻擊並摧毀那些蛋白質。這能稍微解釋浩克為何能在幾乎沒有副作用的情況下變回人形，但要驗證這個理論，還需要對恢復人形的過程進行更廣泛的分析。

- 浩克的「教授」人格幾乎完美地結合了班納聰明的腦袋和浩克巨大的肌肉。

- 這個像小朋友的野蠻人格也許是多年來最常掌管浩克身體的人格。

- 「惡魔浩克」人格會冷酷無情地保護班納的利益，即便那些行為違反班納博士本人的意願。

- 當被稱為喬・菲希特的灰皮膚打手接管身體時，浩克最主要的特徵便是狡猾和堅定的決心。

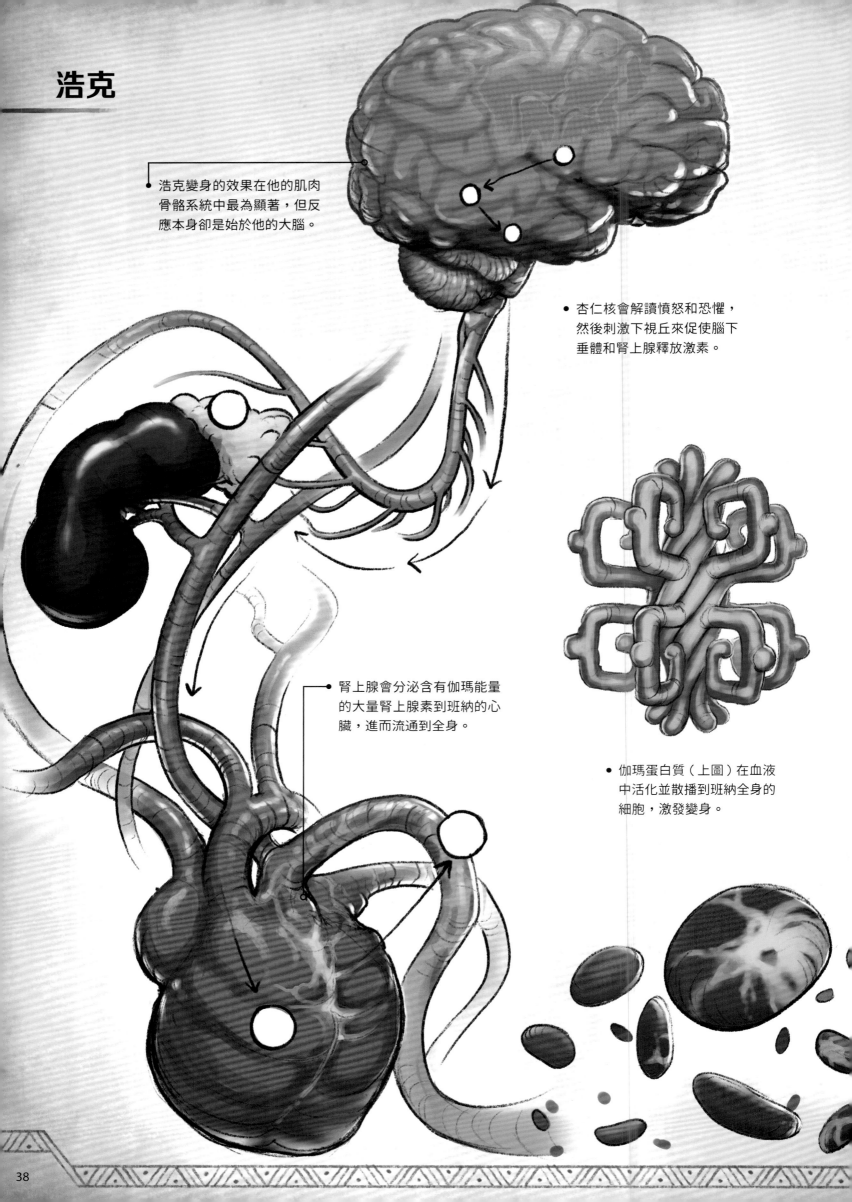

浩克

浩克變身的效果在他的肌肉
骨骼系統中最為顯著，但反
應本身卻是始於他的大腦。

杏仁核會解讀憤怒和恐懼，
然後刺激下視丘來促使腦下
垂體和腎上腺釋放激素。

腎上腺會分泌含有伽瑪能量
的大量腎上腺素到班納的心
臟，進而流通到全身。

伽瑪蛋白質（上圖）在血液
中活化並散播到班納全身的
細胞，激發變身。

耐久性與治癒力

有伽瑪能量強化的細胞結構使浩克的身體異常堅韌，還能讓他受損的組織以超快的速度再生。這種傑出的細胞修復能力似乎是浩克由輻射強化的變身所帶來的自然副產物，也許還能進一步支持一個理論，也就是浩克的身體會運用額外維度捷徑取得用於新細胞增長的質量。正如浩克的細胞能在短短幾秒內將宿主的身體質量複製到十倍一樣，這些細胞也能用類似的過程輕鬆替換掉受損的組織。

浩克的表皮細胞似乎有非常強韌的薄膜，可以隔開他的神經末梢、幫忙減輕疼痛感，不過當傷勢危及性命時，浩克的神經依然能把疼痛訊號傳到他的大腦。這種遲鈍的特質也使浩克能抵抗極端的溫度，曾有目擊者看過浩克在灼熱的岩漿裡游泳後依然能倖存，這顯示他至少有攝氏700度的創傷耐受性。浩克的表皮細胞可能會在接觸到這種溫度時被燒掉，即便如此，它們也很快就會被伽瑪急速生長所產生的新細胞取代。

他的皮膚本質上是一具能自我修復的盔甲，使他對一般武器，甚至是其他超人類的攻擊不屑一顧。浩克似乎還具有對疾病的天然免疫力，也能抵抗毒素和毒藥。此外，浩克能在身體表現不受影響的情況下憋氣長達一小時，這個能力顯示他的肌肉組織能儲存大量富含氧氣的肌紅蛋白，在缺氧環境中維持生命。這也能解釋浩克是如何在經歷過真空太空及海洋最深處後依然能存活，又沒有出現任何缺氧症狀。

評估

浩克可能是地球上最強大的生命體。縱使對史克魯爾人來說，模仿浩克的身體特徵不是什麼了不起的事，不過這些假冒者完全不可能複製浩克的原始力量。只要他一開始「砸碎東西」，便能辨識出真正的浩克。有浩克能加入我們的反擊行動非常重要，雖然他脾氣暴躁，但是在我們的世界面臨危險時，浩克絕對是可靠的盟友。

當伽瑪蛋白質與細胞結合，並改變它們的顏色時，肌纖維就會迅速擴張，從額外維度來源汲取額外的質量。

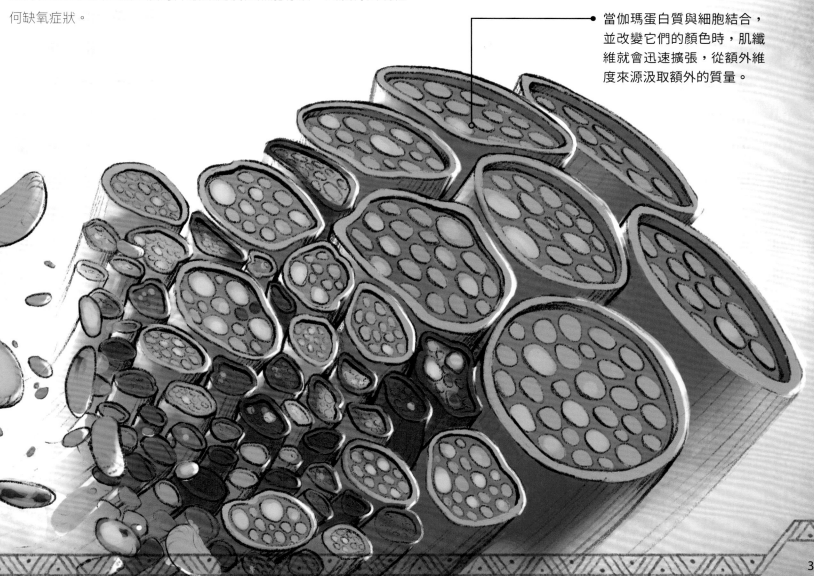

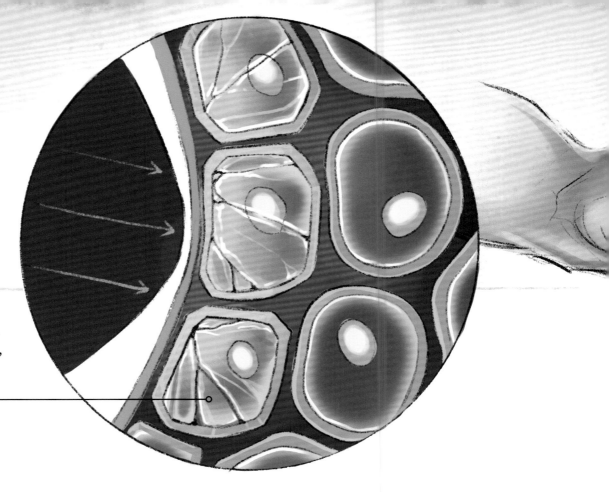

女浩克充滿伽瑪能量的細胞，其細胞質會在受到衝擊時變硬，提供極大的防禦。

女浩克

浩克並不是唯一因暴露於伽瑪輻射而獲得能力的生命體，接下來幾位伽瑪突變者或許沒有浩克的原始力量，但他們的基因對輻射的各種反應值得檢視。

　　從表哥布魯斯・班納身上接受被輻射照射過的血液輸血，使珍妮佛・華特斯得到類似浩克的能力。她同樣擁有強大力量和身體能防彈的特質，但隨著時間過去，女浩克很大程度地展現出更穩定的變身形態。當她變成浩克形態時，雖然偶爾會表現出野蠻的一面，但她的人類意識通常能掌控身體。女浩克最近開始會從身體發出危險的伽瑪輻射，這是她新的能力。在研究這種生理發展的過程中，我為她製作了一套加入了瓦干達技術的服裝，為的是能安全排出她體內多餘的輻射，並將輻射重新凝聚為能用於攻擊的集中衝擊波。

 據我推測，女浩克這類伽瑪突變者之所以能有強韌的特性，其中一個因素可能是細胞質具有緩衝能力，能在微觀層面保護細胞內的細胞器。為了應付周遭的衝擊，他們的細胞質也許能硬化到無法穿透的硬度，這為他們刀槍不入的特質提供了一部分的生物學解釋。

● 跟浩克相比，女浩克在變身過程中獲得和減少的身體質量少非常多，但跟浩克一樣的是，她必須從某種未知的外部來源汲取這些質量。

● 女浩克制服中的奈米汎金屬網能過濾她身體發出的伽瑪輻射，把多餘的能量儲存起來，以便在戰鬥中釋放。

惡煞的表皮層形成了盔甲
一般的厚實鱗片，覆蓋著
他結實的肌肉組織。

如同浩克，惡煞能用他巨
大的腿部肌肉一次跳躍數
哩遠來進行長距離移動。

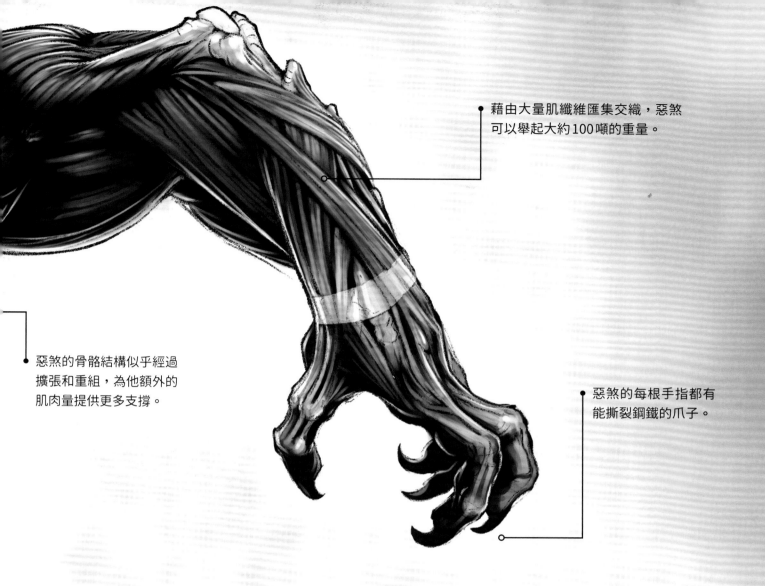

藉由大量肌纖維匯集交織，惡煞可以舉起大約100噸的重量。

惡煞的骨骼結構似乎經過擴張和重組，為他額外的肌肉量提供更多支撐。

惡煞的每根手指都有能撕裂鋼鐵的爪子。

惡煞

艾米爾·布朗斯基接受了高強度的伽瑪射線照射，希望能獲得如同浩克的力量。然而成功是有代價的，惡煞被困在如怪物一般的突變形體中。在變身形態下，布朗斯基擁有許多跟浩克一樣的能力，包括驚人的力量、刀槍不入的韌性，還有不可思議的自癒因子。有一些證據顯示布朗斯基還擁有「浩克感應」，能追蹤他的宿敵浩克，無論他們之間相距多遠。惡煞能在休眠狀態汲取儲存在細胞中的輻射能量來維生，類似熊消耗儲存的脂肪來度過冬眠。曾經有謠傳說，布朗斯基的形體經過祕密機構的大量實驗，把他由伽瑪能量驅動的惡煞身軀變成沒有意識的活體生化兵器。無論是否真有其事，布朗斯基似乎已經取回了對身體的控制，部分原因可能要歸功於賦予他力量的伽瑪能量的再生效果。

過剩的熱能會透過眼睛,以集中放射線的方式射出。

紅浩克

綽號「雷霆」的薩迪斯·羅斯將軍是與浩克對峙最久的敵人，由超級科學家組成的陰謀集團「高智慧」進行的實驗中，他獲得了類似浩克的力量。經由暴露於伽瑪輻射與宇宙能量的未知混合物中，羅斯將軍變成了紅浩克，展現出與原始浩克不相上下的力量，還有在極度憤怒下能提升皮膚溫度的獨特能力。紅浩克的皮層溫度能提高到足以點燃他身體周圍的大氣，形成一個燃燒的光環。由皮膚細胞生成的熱能接著會透過紅浩克的視神經重新導引，產生能控制方向的高溫放射線，從眼睛噴射出去。儘管人們認為羅斯已經失去了伽瑪能量所帶來的能力，但他最近的死亡和復活又使大家開始懷疑他體內的浩克力量是否真的永遠消失了。

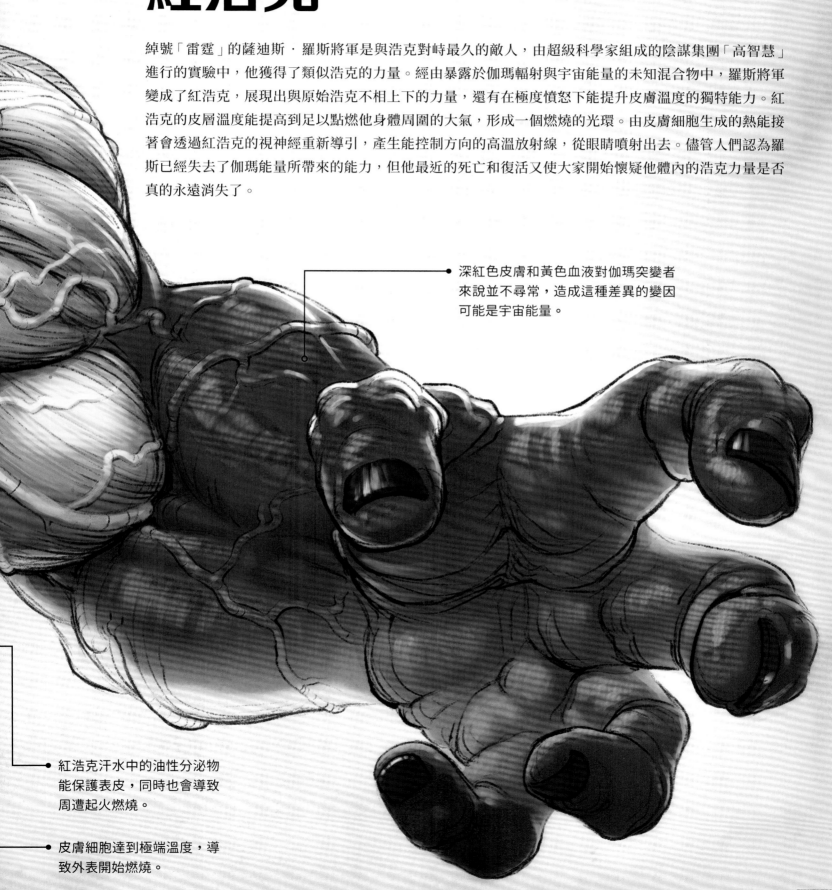

深紅色皮膚和黃色血液對伽瑪突變者來說並不尋常，造成這種差異的變因可能是宇宙能量。

紅浩克汗水中的油性分泌物能保護表皮，同時也會導致周遭起火燃燒。

皮膚細胞達到極端溫度，導致外表開始燃燒。

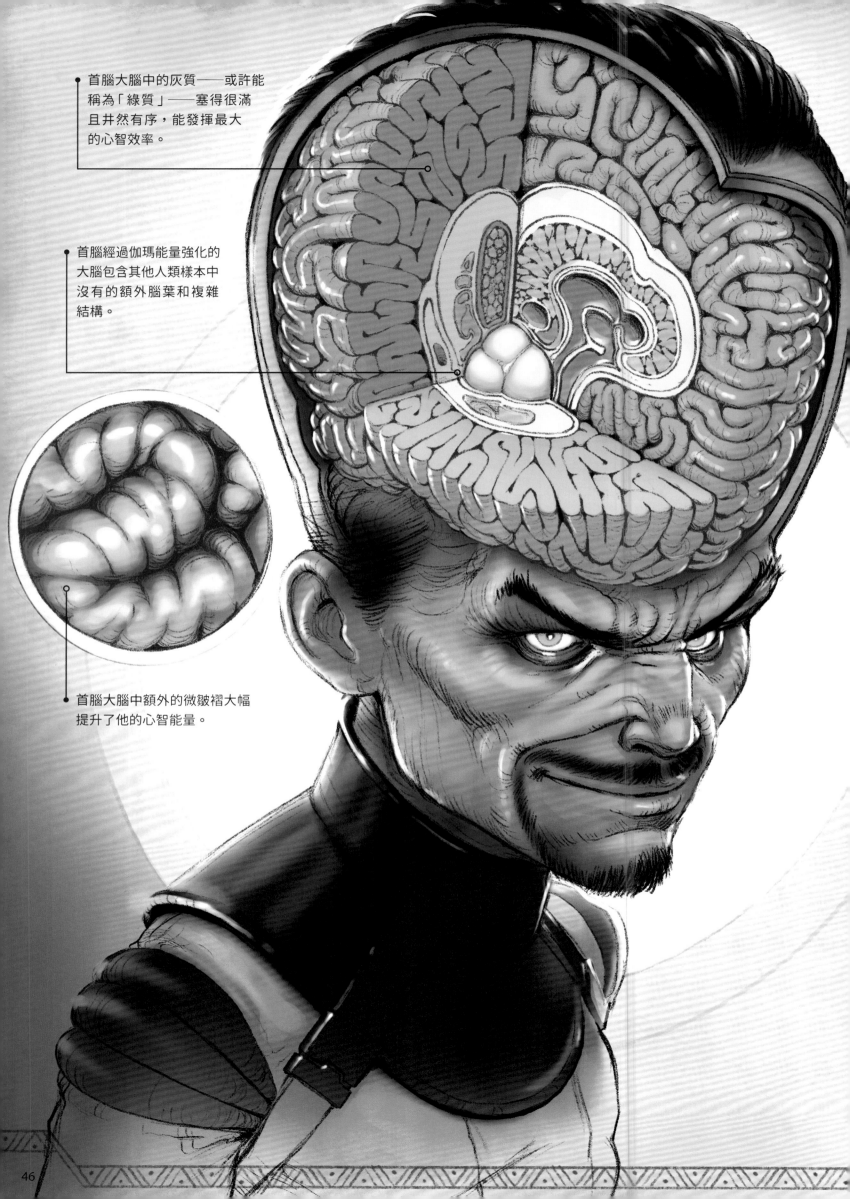

首腦大腦中的灰質——或許能稱為「綠質」——塞得很滿且井然有序，能發揮最大的心智效率。

首腦經過伽瑪能量強化的大腦包含其他人類樣本中沒有的額外腦葉和複雜結構。

首腦大腦中額外的微皺褶大幅提升了他的心智能量。

首腦

山繆・史登被伽瑪輻射連續照射後，受到影響的不是他的肌肉，而是他的大腦。史登擴張的顱骨讓大腦能大幅度增長，賦予了他超凡智能，使他完全精通機器人學和遺傳學等科學。作為首腦，史登能分析的變數如此之多，他準確的預測常被誤認為是預知。首腦還能利用他心智中的心靈感應和心靈傳動潛能對其他人進行精神控制，並釋放強大的念力能量。

使用正電子發射斷層攝影術的被動掃描顯示，史登的額外大腦物質讓他能長出有特化突觸的新腦葉，而研究人類認知的科學家尚未定義這些新發現。由於一般人的大腦需要大量氧氣和養分才能維持運作，所以首腦增強的大腦會需要更多營養，這也是造成他容易疲勞的其中一個因素。

評估

首腦和其他伽瑪突變者尚未被證實能像浩克本人一樣強大，但這些生命體各個都擁有令人印象深刻的力量，無論是身體上還是心智上，這對我們與史克魯爾人的抗戰是非常有幫助的。我不禁想像在前線衝鋒陷陣的「浩克部隊」將如何扭轉局勢。

• 首腦大腦中的神經元比標準的人類神經細胞多出數百個軸突與樹突，急劇提升了他的思考速度。

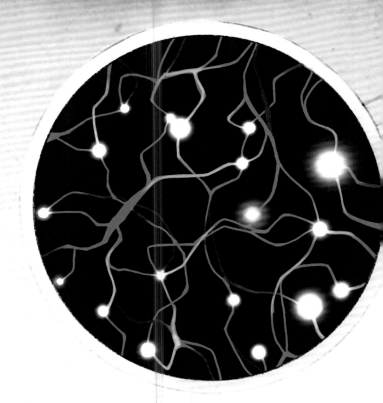

魔多客

最初是邪惡組織「超智機構」的技術員，在一個為了提升腦容量的實驗中，他經歷了非常極端的基因增補，變成了魔多客。儘管實驗確實提升了他的心智能力，但他的身體也飽受怪異可怖的突變所苦。超智機構原本打算開發一台活體電腦，但最後只能勉強接受魔多客這個「專為殺戮而生的精神有機體」。

 ## 強化的智能

　　魔多客幾乎所有身體質量都集中在他可怕的大頭上，他的顱骨經過突變，足以容納他巨大的大腦。大腦擴張的表面積上布滿了密集的神經元網絡，所有神經元都經過基因強化，以最頂尖的效率運作。

　　魔多客超群的記憶力能記住讀過或經歷過的一切，他還貪婪地對各個科學領域進行研究，努力突破他大腦儲存容量的極限。他能分析數百萬個資料點，用比任何超級電腦快上許多的速度預測許多可能的結果。魔多客自認是一位戰略大師，但缺乏創造性思考或預測對手會不按牌理出牌的能力。

- 魔多客神經元的排列方式類似電路板，如此精準的排列是為了使思考過程最佳化。

 ## 靈能力

　　魔多客突變的大腦能產生大量靈能，這可能是因為超智機構對他大腦中負責產生心靈能量來回應生物電活動的區域進行手術改造。魔多客可以從額頭以震盪衝擊波的形式釋放這種靈能，威力足以穿透兩吋厚的鋼板。除此之外，他還能製造出靈能力場，威力強大到能把核爆炸的衝擊力彈開。他還能使用靈能來洞察對手的情緒和意圖，但沒有能讀取真實想法的心靈感應能力。

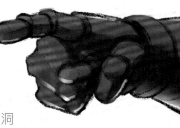

 　　魔多客缺乏體能，得靠科技彌補不足。他所謂的「末日椅」是一個完全武器化的個人飄浮裝置，能支撐他大頭的重量。他佩戴的集中頭帶能提升他的靈能凝聚程度，使他的震盪衝擊波能更精準地命中目標。

評估

魔多客強大的智力對於擬定我們的反擊計畫可能會很有幫助，但他的動機鮮少與我們一致。即使面臨目前這樣巨大的威脅，我也不願讓超智機構得知我的擔憂。把魔多客這樣的毒蠍放到我們之中，可能比面對史克魯爾人更加危險。

魔多客的腦組織已經
擴張到塞滿他顱腔內
的所有可用空間。

由於魔多客不發達的骨骼結構沒辦
法支撐他巨大腦袋的重量，他只能
仰賴外在科技移動。

沙人的各種狀態（由左至右）：被水浸濕；加熱至玻璃狀；基本人形；顆粒化成沙粒狀。

沙人

我認為在此處檢視沙人和水人這兩位強大超人類的能力會有幫助,他們的能力很明顯是屬於自然元素。在一次反常的事件中,沙人在核試驗設施附近接觸到被輻射污染的沙子,進而獲得一種能夠延展變形、呈顆粒狀的形態。構成他身體的微粒看起來不像任何人類生物組織,反而比較類似二氧化矽或碳酸鈣。藉由對微粒細胞結構進行心靈控制,沙人能大幅改變自己的形狀和大小,把四肢變成像鎚子或釘頭錘之類的武器,或是把自己分解成四散的顆粒,以便通過狹窄的開口。

藉由集中注意力,沙人能以接近颶風沙塵暴的速度飛快地旋轉他身體的微粒,把這些微粒高速推向對手。沙人也能反過來增加這些微粒的連結,把形體壓縮到石頭一般的硬度。雖然他身體的微粒成分本質上是生物,但沙人也會從周遭吸收自然產生的大量塵土來增加他的身體質量。

構成沙人形體的每顆沙粒都含有他的基因和靈能銘印。

由於沙人能改變身體密度,他幾乎不可能受傷,但他像沙子一般的特性也是擊敗他的關鍵。如果用計讓他吸收水泥或具有自硬性的化學作用劑,他會變得動彈不得。除此之外,如果他暴露於攝氏 1800 度以上的溫度,沙人的形體將會脆化,變得像玻璃一樣。

沙人也很容易過飽和,吸收過多水分會使他變成行動緩慢的一團泥漿。不可思議的是,即便沙人的矽酸鹽結構幾乎完全分散,他也有可能僅憑一粒生物微粒重組出形體。

沙人曾經作為大腦的器官顯然已經不復存在,因此我只能斷定他的意識現在可能只存在於精神層面。他的精神可能已經超越了物理的界限,但只要沙人還能保有對自身形體的控制,他就依然是個危險的敵人。

水人能隨心所欲地將身體的
細胞從固態轉變成液態。

水人的細胞膜會在他
改變形態時溶解。

水人

如同沙人,水人全身細胞的完整性似乎也經歷過分解,但在他
的情況中,他的細胞經歷了物質狀態之間的轉化。結果就是水
人能將身體的部分細胞或所有細胞轉變成液態,或是根據需求
恢復為固態。這種徹底的細胞變化似乎是因為他暴露在水下發
電機的能量中,加上海底熱泉釋放出的氣體所造成的。

值得注意的是,人體細胞的組成大部分是液體,因為有細胞
膜才能表現得像固體。據推測,水人能故意削弱他身體的細胞
膜,使細胞中的液體自由流動。

水人能把他的液化細胞武器化,變成指向性的高壓水流,並
以消防水管的方式噴射出去。以這種方式釋出的任何液體,即便

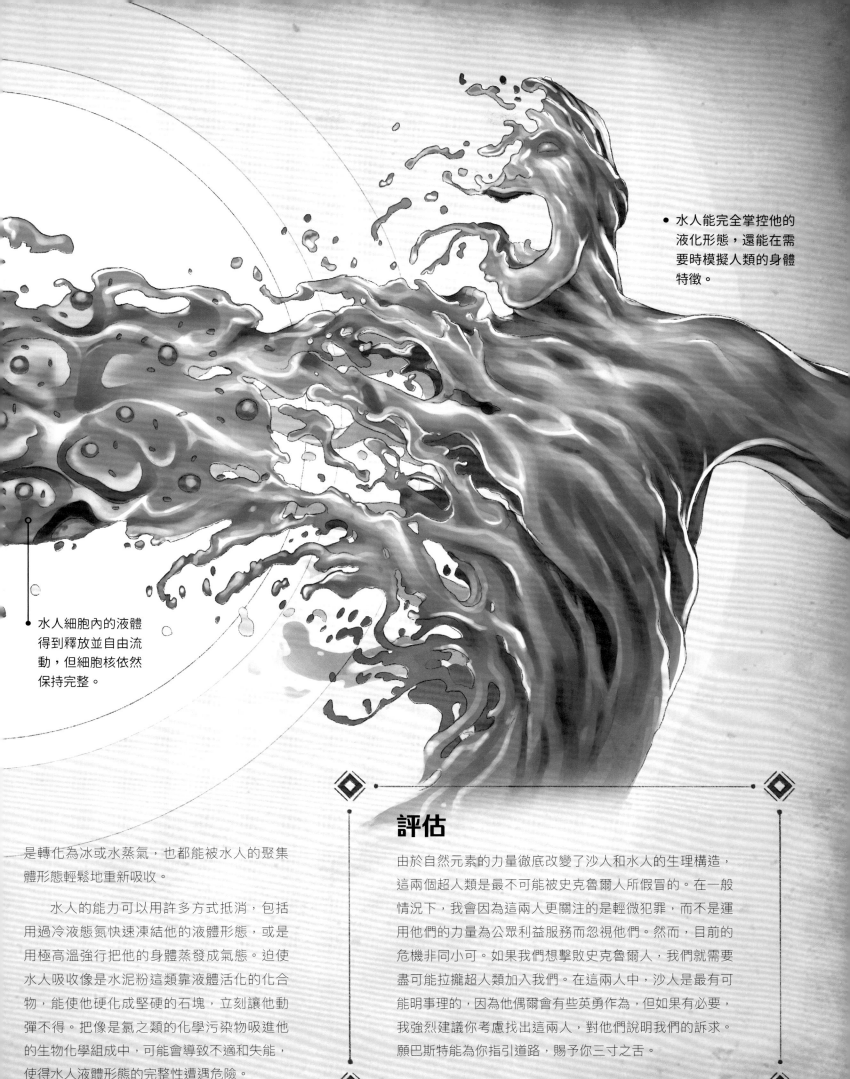

水人細胞內的液體得到釋放並自由流動，但細胞核依然保持完整。

• 水人能完全掌控他的液化形態，還能在需要時模擬人類的身體特徵。

是轉化為冰或水蒸氣，也都能被水人的聚集體形態輕鬆地重新吸收。

水人的能力可以用許多方式抵消，包括用過冷液態氮快速凍結他的液體形態，或是用極高溫強行把他的身體蒸發成氣態。迫使水人吸收像是水泥粉這類靠液體活化的化合物，能使他硬化成堅硬的石塊，立刻讓他動彈不得。把像是氯之類的化學污染物吸進他的生物化學組成中，可能會導致不適和失能，使得水人液體形態的完整性遭遇危險。

評估

由於自然元素的力量徹底改變了沙人和水人的生理構造，這兩個超人類是最不可能被史克魯爾人所假冒的。在一般情況下，我會因為這兩人更關注的是輕微犯罪，而不是運用他們的力量為公眾利益服務而忽視他們。然而，目前的危機非同小可。如果我們想擊敗史克魯爾人，我們就需要盡可能拉攏超人類加入我們。在這兩人中，沙人是最有可能明事理的，因為他偶爾會有些英勇作為，但如果有必要，我強烈建議你考慮找出這兩人，對他們說明我們的訴求。願巴斯特能為你指引道路，賜予你三寸之舌。

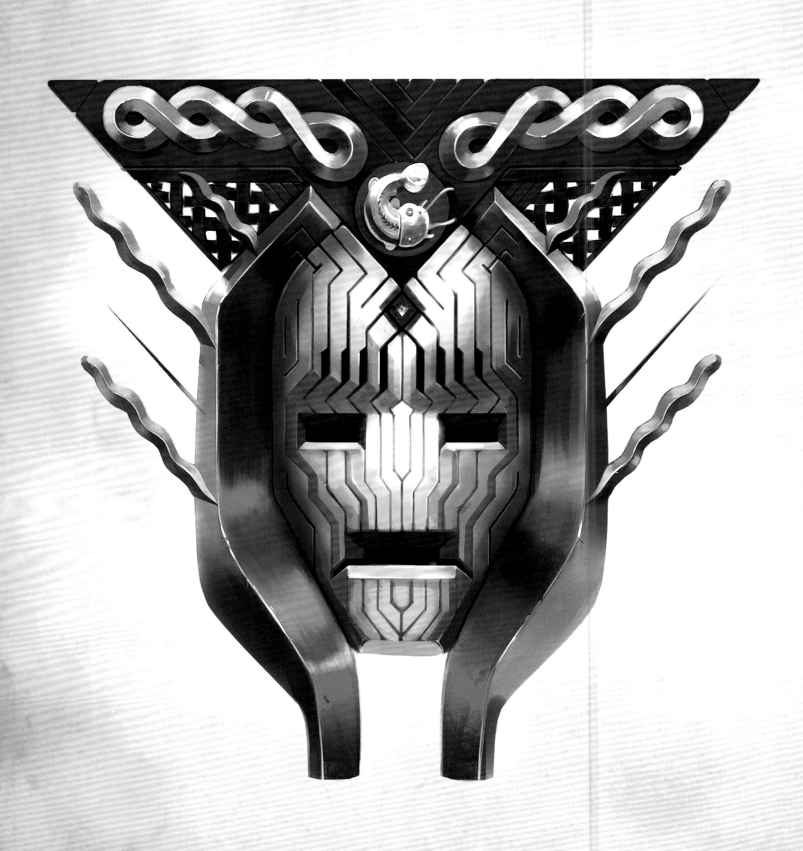

3
科技驚奇

鑒於史克魯爾人對我們帶來無法估量的威脅，我們必須盡可能多檢驗一些超能力者來幫助我們抵禦外敵。這包括那些基因沒有明顯經過改變，卻能透過尖端科技來獲得力量的人。

值得注意的是，最近科技的進步讓機械和生物系統能在細胞或分子層面進行融合。由於史克魯爾人對我們世界構成巨大的威脅，我們必須假設我方的勝利可能要仰賴身體力量和技術創新無法預料的結合。雖然我得到黑豹女神巴斯特力量的祝福，但我也率先承認，人類擁有的最強力量就是能夠創造。讓我們祈禱史克魯爾人不會找到用這種力量來對付我們的方法。

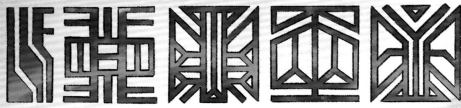

鋼鐵人

儘管聰明絕頂，東尼·史塔克只是一個普通人，他唯一的力量是來自為了保護地球而打造的史塔克工業裝甲。史塔克也把實驗技術直接移植到自己的身體中，模糊了人類與機器之間的界線。

　記下鋼鐵人裝甲最新版的細節資訊似乎沒什麼幫助，在你閱讀這段文字時，它肯定會被更新的型號所取代。最需要知道的是，從馬克1號到馬克46裝甲，東尼·史塔克一直都是鋼鐵人這名英雄中最重要的靈魂。

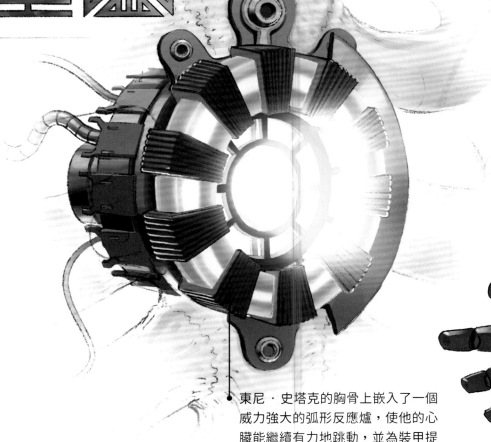

東尼·史塔克的胸骨上嵌入了一個威力強大的弧形反應爐，使他的心臟能繼續有力地跳動，並為裝甲提供能量。

身體改造

　史塔克第一次嘗試改變自己身體的生理構造，是他想在自己的胸骨植入一個磁力發電器。這個裝置旨在防止於爆炸後殘留在他體內的金屬彈片進入血液循環後流向心臟。經歷多次手術後，最終成功清除了所有微量彈片，不過史塔克仍選擇保留胸部的發電器，並用驅動他裝甲衝擊波轉換器的相同技術把發電器改造升級用來提供能量，在他心臟衰竭時繼續輸送血液。就在最近，史塔克放棄了這個手術植入物，改用能改寫他遺傳密碼的DNA修飾技術（請參考第58頁介紹的絕境病毒）。

　　史塔克在追求身體改造方面似乎毫無畏懼，他甚至曾把一個數位資料埠插進腦幹，下載他的記憶和大腦形態。並在嚴重受傷後，把儲存的副本放入他身體的基因複製品中，重新啟動他的意識。我得指出，這個修復版的東尼·史塔克最終開始質疑自己究竟是本尊還是一個精心製作的仿真版。我無意淡化他的掙扎，但這種懷疑在忒修斯之船的哲學難題中很常見。這個形而上學的問題是：如果原本載著雅典英雄忒修斯出海冒險的船隻，它的所有零件在過去幾十年間逐漸被替換掉，那麼最後的混合體還能看作是真正的忒修斯之船嗎？史塔克似乎有信心能宣稱自己是本尊，但在我信服之前還有很多問題需要解答。

鋼鐵人裝甲複雜精密的內部結構運作與瓦干達的最新科技幾乎不相上下。

內部感測陣列能將神經衝動瞬間轉化為機械化運動。

鋼鐵人

 ## 絕境病毒

　　史塔克曾進行一項科學實驗，在自己的身體注入絕境病毒，這是一種量身打造的生物機械病毒。絕境病毒最初是透過使用微型奈米機器來治療傷口，它還能透過DNA修飾提升注入者的身體素質。典型的提升包括超人類的力量、無比敏銳的感官、快如閃電的反應速度，還有透過快速生成巨噬細胞來刺激身體免疫反應的迅速治癒能力。絕境病毒甚至賦予史塔克能與機器互動的一種特殊心靈感應（稱為機電感應），讓他能跟電腦網路進行精神溝通。

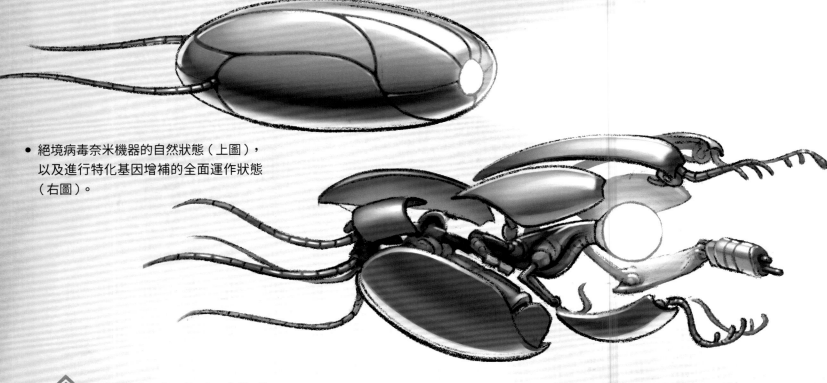

- 絕境病毒奈米機器的自然狀態（上圖），
  以及進行特化基因增補的全面運作狀態
  （右圖）。

絕境病毒保護衣

　　絕境病毒部署的奈米機器能在宿主身體周圍形成生物技術緊身衣，從史塔克骨骼的細孔滲透出來，與皮層結合，形成一個能抵抗衝擊的硬殼。這種保護衣會在裝甲之下包覆史塔克，在他的傳統裝甲失靈時當作他的最後一道防線。不需要用到時，這個保護衣可以在命令之下縮回史塔克骨髓內的特化液胞裡。儘管他已經不會在裝甲中使用絕境病毒了，但史塔克的生物系統中是否存在任何微量病毒，目前仍不清楚。

　　關於鋼鐵人生涯中的一段過往，我會不諱言地稱其為「道德上有問題」。也就是東尼・史塔克曾釋出絕境病毒，以「絕境 3.0」這個名稱當作面向大眾市場的產品。不論是否有意願，舊金山的每位居民都得到了升級，因為史塔克魯莽地超前部署，把病毒混入城市的供水系統中。感染者支付訂閱費後，便能從細胞層面改變他們的外貌，並獲得超人類的力量、速度和敏捷性。史塔克把「完美」當作高價商品販售，但最終取消了這種魔鬼交易，永遠解除了這種特定的絕境病毒株。

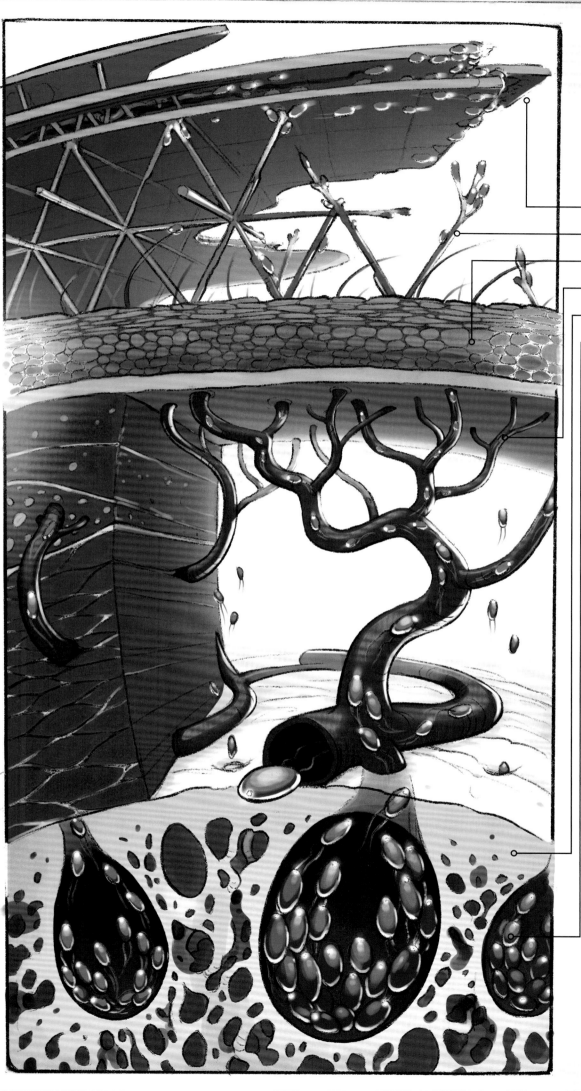

奈米機器以前會從東尼·史塔克的骨髓中釋出，從表皮組織穿透而出，在他身體周圍形成絕境病毒保護衣。

- 絕境病毒保護衣
- 結締支撐結構
- 表皮組織
- 血管
- 骨髓
- 儲存於液胞中的絕境病毒奈米機器

評估

某些人認為鋼鐵人是由他的裝甲所定義，而不是穿著裝甲的人，但東尼·史塔克屢次證明一個人不需要穿上尖端科技產物來證明自己是英雄。話雖如此，如果史克魯爾人複製了史塔克的生理特徵，包括指紋和視網膜特徵，他們就能進入他滿是裝甲和發明的寶庫，對東尼·史塔克努力保護的世界發動大規模破壞。因此，我們勢必得馬上找到並辨識出真正的東尼·史塔克，避免災難般的情況發生。

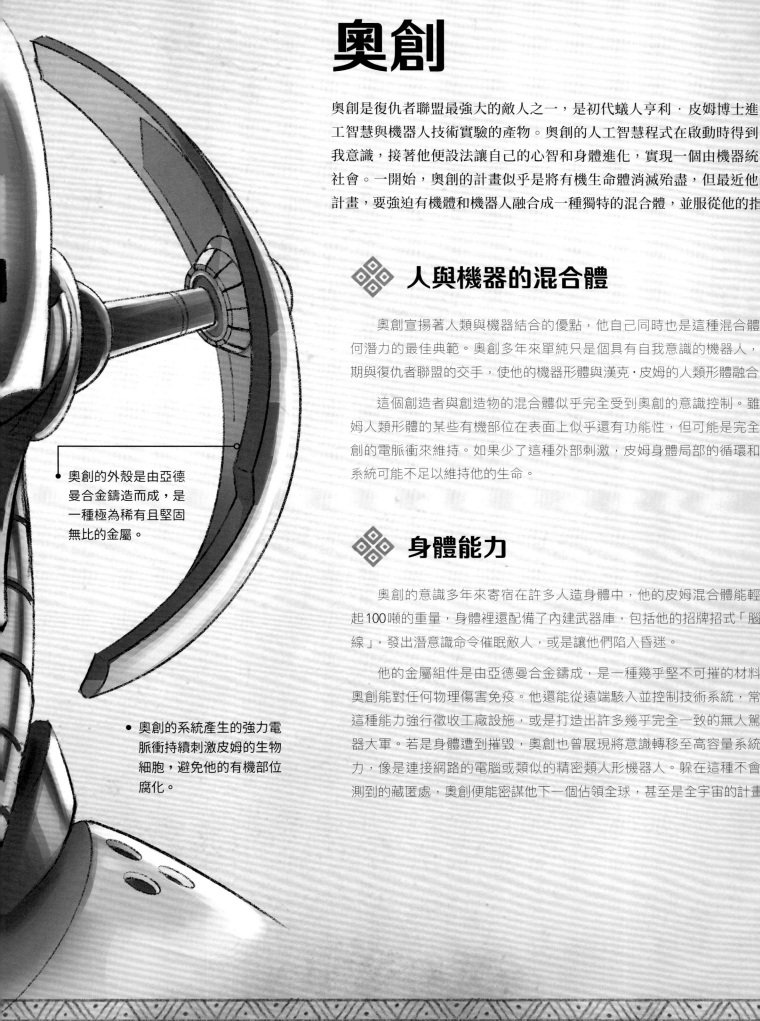

亨利・皮姆的有機組織跟奧創的機械組件在次原子層面上融合了。

奧創的外殼是由亞德曼合金鑄造而成，是一種極為稀有且堅固無比的金屬。

奧創的系統產生的強力電脈衝持續刺激皮姆的生物細胞，避免他的有機部位腐化。

奧創

奧創是復仇者聯盟最強大的敵人之一，是初代蟻人亨利・皮姆博士進行人工智慧與機器人技術實驗的產物。奧創的人工智慧程式在啟動時得到了自我意識，接著他便設法讓自己的心智和身體進化，實現一個由機器統治的社會。一開始，奧創的計畫似乎是將有機生命體消滅殆盡，但最近他改變計畫，要強迫有機體和機器人融合成一種獨特的混合體，並服從他的指令。

人與機器的混合體

奧創宣揚著人類與機器結合的優點，他自己同時也是這種混合體能有何潛力的最佳典範。奧創多年來單純只是個具有自我意識的機器人，但近期與復仇者聯盟的交手，使他的機器形體與漢克・皮姆的人類形體融合了。

這個創造者與創造物的混合體似乎完全受到奧創的意識控制。雖然皮姆人類形體的某些有機部位在表面上似乎還有功能性，但可能是完全靠奧創的電脈衝來維持。如果少了這種外部刺激，皮姆身體局部的循環和呼吸系統可能不足以維持他的生命。

身體能力

奧創的意識多年來寄宿在許多人造身體中，他的皮姆混合體能輕易舉起100噸的重量，身體裡還配備了內建武器庫，包括他的招牌招式「腦波射線」，發出潛意識命令催眠敵人，或是讓他們陷入昏迷。

他的金屬組件是由亞德曼合金鑄成，是一種幾乎堅不可摧的材料，使奧創能對任何物理傷害免疫。他還能從遠端駭入並控制技術系統，常利用這種能力強行徵收工廠設施，或是打造出許多幾乎完全一致的無人駕駛機器大軍。若是身體遭到摧毀，奧創也曾展現將意識轉移至高容量系統的能力，像是連接網路的電腦或類似的精密類人形機器人。躲在這種不會被偵測到的藏匿處，奧創便能密謀他下一個佔領全球，甚至是全宇宙的計畫。

奧創

奧創的招牌「微笑」其實是個排出口，用來讓提供他動力的內部離子爐釋放多餘熱能。

奧創在與其創造者結合之前的早期模型。

奧創的攻擊能力因其模型而異，但他的機體都裝有強大的牽引光束、震盪衝擊器和輻射發射器。

 分子重整器

奧創胸部的分子重整器含有一個磁共振器,能操縱金屬的次原子,讓奧創能用像是亞德曼合金或汎金屬這種堅固至極的金屬打造新的身體。奧創的分子重整器也會用於更複雜的目的,包括創造人與機器的混合體,不過幾乎所有實驗對象都在過程中喪命了。

• 奧創眼孔中的腦波射線能用高頻脈衝光催眠目標。

我哥曾把奧創關在一個用瓦干達汎金屬打造的牢籠中,而且還加上阿斯嘉法術的束縛咒語和符文枷鎖。把奧創隔離後,我進行了大量測試,來確認是否能用他的分子重整器拆解他的機器和有機部位,恢復到各自的原始狀態。然而,我得到的數據證實了最糟的情況。儘管漢克·皮姆的有機組織依然存在,但我找不到皮姆真正意識存在的蹤跡,我擔心這個身體中只剩下奧創了。

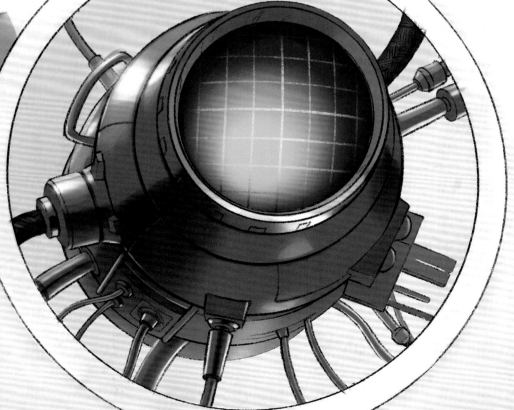

• 奧創的分子重整器能輕易操縱世上最堅固的金屬。

評估

由於當前危機緊迫,我認為嘗試招募奧創加入我方陣線,一起對抗這些外星入侵者是有某些好處的。如果我們能找到方法引出他體內皮姆殘存的意識,奧創可能會同意幫助我們,拯救他最初被創造出來要保護的世界。但這也有風險,奧創可能會背叛我們,與史克魯爾人達成協議,用控制機械的方式助長他們的力量,密謀一舉殲滅人類。所以縱使他強大的力量也許能助我們抵禦外敵,但無論如何都不能信任他,還必須監視他的一舉一動。

構成幻視外殼的高性能塑膠組件，表面覆蓋著一層薄薄的彈性材料，用來模擬人的皮膚。

幻視的合成器官與人類的器官非常相像，有些是功能相似，有些是形體相似。

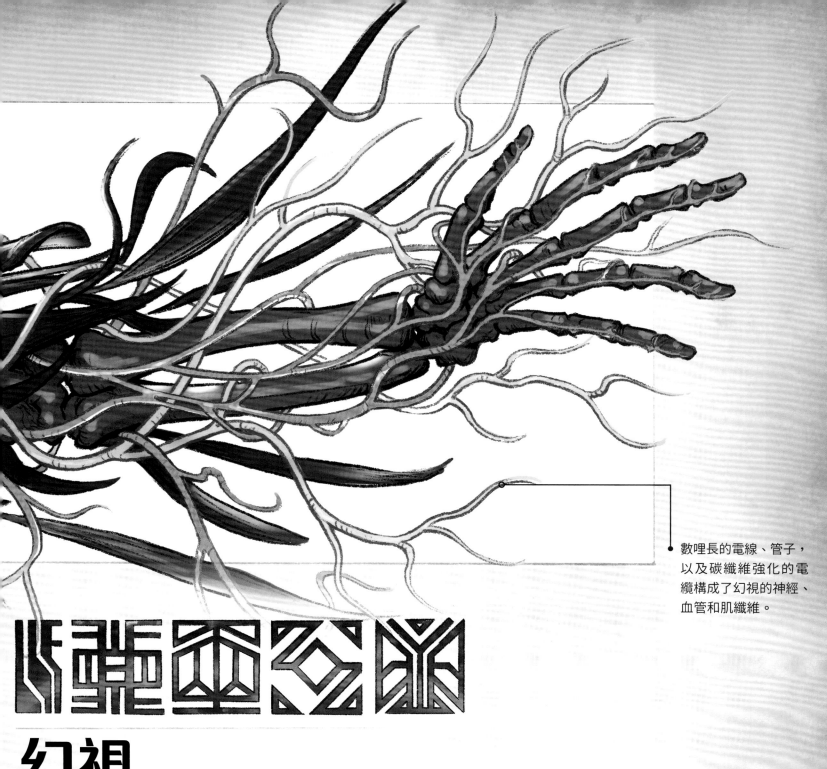

數哩長的電線、管子，以及碳纖維強化的電纜構成了幻視的神經、血管和肌纖維。

幻視

幻視可不只是一堆電線和電路，奧創為了向自己的創造者復仇而打造了這個機器人，但幻視戰勝了奧創的程式，發展出自由意志和惻隱之心。

 ## 合成機器人的身體

幻視人造身體的設計製作與機器人技術和半機械人植入都不一樣。身為合成機器人，他是由包覆在塑膠和碳纖維強化聚合物裡的機械組件製造而成，營造出具有人類生命的外表。幻視的生理構造結合了人類器官和組織的人造相似物，儘管這些組件都是由合成材料構成的。根據推測，幻視充滿能量的人造軀體是霍頓細胞實驗的產物，也就是由發明家菲尼亞斯·T·霍頓於1940年代用開創性技術創造出來的有機細胞合成複製品。霍頓細胞有生物相容性，能儲存大量能量。

幻視的合成骨骼和肌肉軀體比人類強壯許多，靠著肌肉和關節周圍的碳纖維保護層，他能舉起5噸的重量。這種驚人的力量有一部分要歸功於打造幻視軀體時使用的霍頓細胞，還有他的塑膠與碳纖維強化聚合物組件。他的人造身體被增強至超越一般人類——賦予他超凡的敏捷性、速度和感官知覺。他身體的每個組件都非常耐用，即便是在巨大的海底壓力下，或是太空中極寒的真空環境，幻視都能維持運作。

幻視

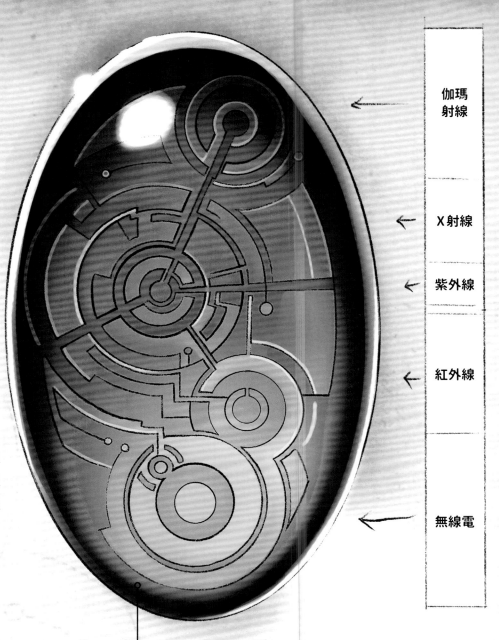

伽瑪
射線

X射線

紫外線

紅外線

無線電

太陽寶石

　　幻視是從額頭上看起來像寶石的電路群中汲取能量。這顆電路群寶石會吸收周遭的太陽輻射，用類似光合作用的過程把輻射轉化成系統能量。這種輻射能用來為幻視的合成機器人身體提供動力，也能用於攻擊敵人。發動攻擊時，幻視體內儲存的太陽能會從這顆雕琢過的寶石導引而出，產生集中的高溫射線，溫度高達攝氏1萬6千度，而且他的眼睛也能射出類似的光束。

密度控制

　　幻視其中一個招牌能力是改變他的身體密度。這種相位轉變是由他的意念啟動，會導致幻視身體的分子分散開，達到一種無形的狀態。當身體處於這個構造時，幻視能像幽靈一樣穿過固態物體。而藉由逆轉這個過程，他能提升身體的密度，變得跟鑽石一樣堅硬。在密度最大的時候，幻視的重量大約是90噸，這代表（根據拉瓦節的質量守恆定律，「無中不能生有」）他能透過額外維度的能量來源為自己超壓縮的形體增加質量。

幻視的太陽寶石能處理並轉換我們的太陽所發出的各種形式的輻射。

飛行能力

　　藉由把身體密度盡可能降到最低，幻視便能飄浮在空中，或靠風力飛行，也就是讓他氣化的形體乘著周圍的氣流移動。我注意到幻視有時會展現出對飛行速度和方向的驚人控制能力，我認為他的合成機器人細胞也許能重組成一個特化的推進系統。當幻視轉變為無形狀態時，這些專用細胞群可能會被激發，產生向前的推力，或是提供更精準的方向控制。

神經操控

　　幻視有時能藉由降低密度，並佔領目標對象體內的空間來控制目標的身體。我推測幻視的人造大腦能在這個狀態下偵測到有接受力的神經連結——可能是透過同步的電脈衝——接著幻視自己的意識便能操控這種連結，指揮宿主的行動。不過在他相變的密度控制中，即便是最輕微的失誤也可能導致控制對象死亡，因此幻視不常使用這項能力。

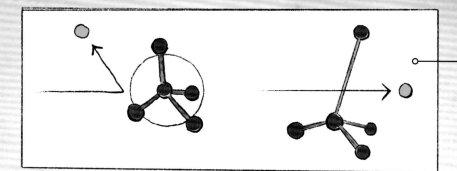

此理論模型是以原子層面檢視幻視的無形性（跟固態物體相比）。

霍頓細胞內的細胞器負責控制幻視的密度，還儲存了他的完整構造配置。

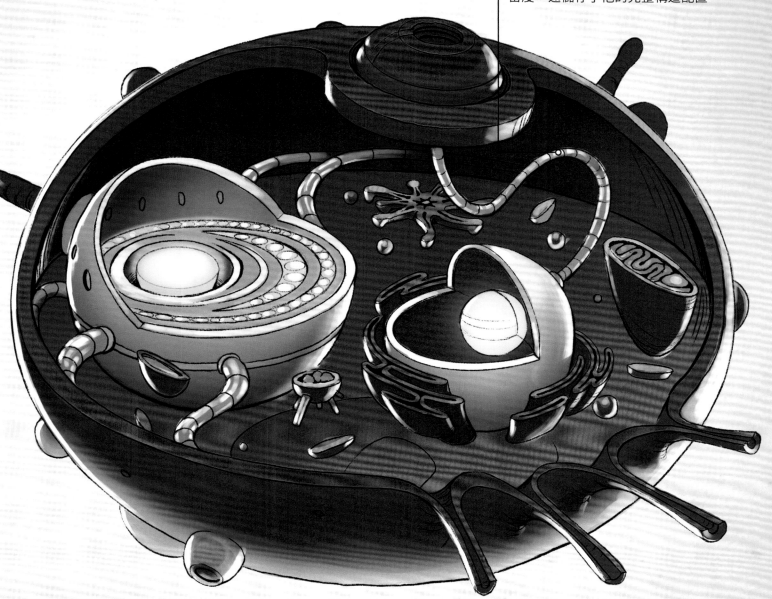

幻視的每個人造細胞都含有他形體的完整構造配置，類似人類有機細胞中的 DNA「藍圖」。如果幻視受了嚴重的傷，就可以提取這些構造配置，用完整的奈米技術重建他的身心。因此，就算是能使大多數機器報廢的破壞，幻視也有辦法從中恢復。

評估

幻視的合成機器人構造是獨一無二的，而他的作業系統也是剛正不阿，讓幻視成為一個值得信賴的盟友，不需擔心他的身分或動機就能很容易地招募他加入。幻視各式各樣的能力對於對抗入侵者會很有用，但在這個迫切的情況下，他強化過的合成機器人大腦可能才是他最重要的資產。

喬卡斯塔

原本是為了當作奧創的新娘而建造，但喬卡斯塔戰勝了她邪惡的程式，成為復仇者聯盟的一員。自誕生以來，喬卡斯塔便一直主張要以同情心和尊重來對待人造生命體。

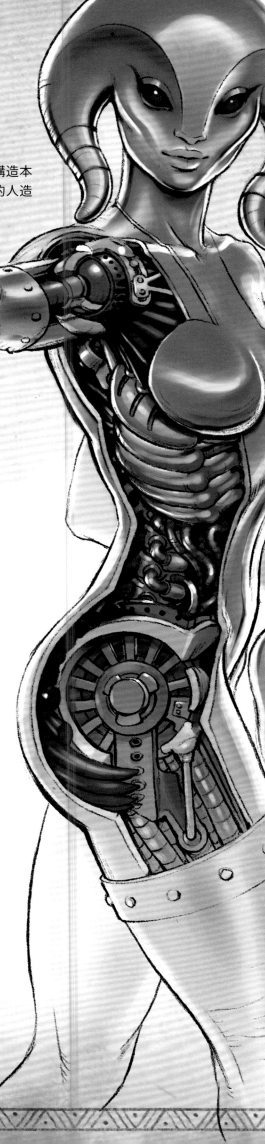

- 喬卡斯塔的內部構造本質上比幻視精巧的人造器官更偏向機器。

◈ 人形機器人構造

喬卡斯塔的機體由鈦鋼鑄造而成，能提供堅韌的防護，使內部構造不會受到衝擊和環境破壞。即使是在頭頂承受著5噸的重量時，她增強的骨骼也能保護身體不受到壓應力的影響。她還配備了數位感測器，擁有比人類基準表現更敏銳的視覺、聽覺和嗅覺偵測。喬卡斯塔不需要進食、呼吸或睡眠，而且應該是透過被動吸收周遭的輻射來為系統提供能量。

喬卡斯塔的矽酸鹽大腦使用了最先進的處理器，能以驚人的速度和正確性進行複雜運算，結果就是她的智力被歸類為「超級天才」的等級。此外，她還能存取復仇者聯盟的資料庫，獲得從電腦科學到醫學等各種領域的專業知識。

藉由對目標發射電磁脈衝，喬卡斯塔可以控制技術裝置，並挖掘其數位資料。喬卡斯塔具有網路突觸的大腦甚至能體驗到類似人類的情緒和靈光一閃的創造力——但應該說明的是，其中某些效果可能是因為在開發神經模板時，有用上黃蜂女腦波的關係，後來成為喬卡斯塔的智力基礎。

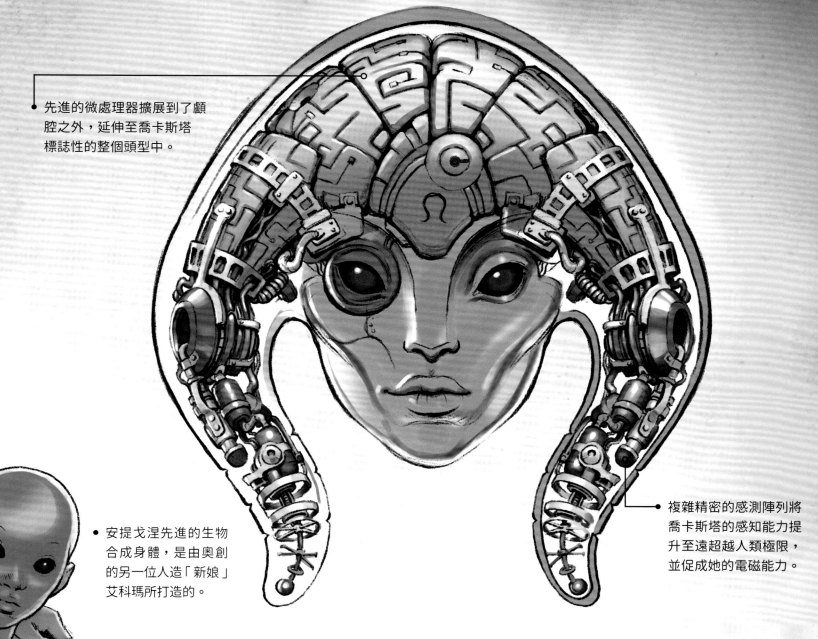

先進的微處理器擴展到了顱腔之外，延伸至喬卡斯塔標誌性的整個頭型中。

複雜精密的感測陣列將喬卡斯塔的感知能力提升至遠超越人類極限，並促成她的電磁能力。

安提戈涅先進的生物合成身體，是由奧創的另一位人造「新娘」艾科瑪所打造的。

電磁能力

喬卡斯塔能操縱電磁能，放射出能彈開子彈和超強拳頭攻擊的粒子防禦力場。她還能把同樣的能量武器化成電磁光束，從眼睛發射。這種能操縱電磁波譜的能力也使喬卡斯塔能偵測環境中是否有獨特的能量特徵，包括與特定武器相關的發射模式與特定個體的生物節律。喬卡斯塔可以追蹤這些特徵至其發源點，用於鑑識和彈道分析。

其他形體

如同奧創，喬卡斯塔也使用過許多形體構造，包括一個名叫安提戈涅的合成機器人，甚至還有一個沒有實體的全息投影。喬卡斯塔對身為機械生命體感到驕傲，但也嘗試過讓她看起來更像人類的技術，包括外觀的細節改造和全息影像偽裝。

評估

喬卡斯塔的情況與幻視很像，她純人造的解剖構造很容易辨識，而且幾乎無法複製。雖然她是為了替奧創效力而被創造出來的，但她一次又一次地證明了自己有多努力守護所有生命形式的安全，無論是機械或生物。對於我們試圖破解史克魯爾人的遺傳密碼，以及擬定最有效的進攻計畫來說，喬卡斯塔無限的運算能力和龐大的知識資料庫可能有舉足輕重的影響力。

4
宇宙之力

史克魯爾人已經會運用宇宙能量來加強他們最頂尖的間諜——超級史克魯爾人，使其得到超越他們種族天生限制的能力。同樣地，雖然地球上多數超人類的力量都是從這顆星球上獲得的，但有少數人是在宇宙中得到了超能力。其中某些人具有混合的DNA，有些人則是在強烈的宇宙輻射下成功倖存，而他們都突破了人類這個物種的局限。

除了目前威脅到我們世界的史克魯爾人之外，我們還知道許多有智慧的外星文明。稍後將會介紹其中幾種，但本章研究的對象都是在地球上出生，並於後來的生活中發展出他們的力量。無論他們是透過外星能量或潛在的生理特徵取得能力，他們與我們的星球依然有特殊的連結，而且可能是守護地球免受任何威脅的先驅，包括像史克魯爾人帝國這種如此龐大的威脅。

驚奇隊長

從擔任美國空軍飛行員到目前作為宇宙最強大的超級英雄之一，卡蘿·丹佛斯一直努力追求頂尖。作為驚奇隊長，她是地球的第一道防線，能在威脅抵達地球軌道前就加以消滅。

混血生理機能

卡蘿·丹佛斯展現出混血DNA所賦予的特殊身體能力，她的DNA結合了來自人類和克里人遺傳來源的多核苷酸。在構成複雜蛋白質的時候，這種混合遺傳訊息會化為外在身體表現，包括能使出超人類力量的結實肌肉組織，以及許多層耐損傷的堅韌表皮組織。雖然尚未得到證實，但卡蘿宣稱她擁有與視覺、聽覺、觸覺、味覺、嗅覺和靈能不一樣的「第七感」。這種能力能讓她看見未來事件瞬間的景象，類似神祕的預知能力。

我們多年來都認為驚奇隊長之所以能獲得她的能力，是因為在一個克里裝置「精神實現器」爆炸時，該裝置把她的DNA以仿效另一名袍澤邁威爾的方式重新塑造的緣故。卡蘿後來得知她的母親曾是一名克里戰士，是為了在地球上生活而放棄了她的使命。卡蘿是她的克里人母親與另一個人類男性的結晶，她的混合DNA蘊藏的力量一直處於休眠狀態，直到被精神實現器激發。卡蘿的細胞本質上是一種宇宙電池，等待著正確的能量來充電。

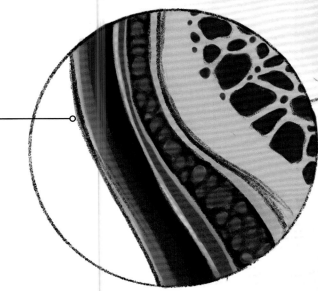

與克里人相似的多層表皮組織帶來更強的抗損傷能力。

驚奇隊長能吸收環境中的光子並加以引導，用來產生飛行的推進力，或是在戰鬥中使出衝擊波。

比起人類，驚奇隊長肌肉組織的密度和顏色深度反而更接近克里人。

驚奇隊長

◈ 光子能量轉換

　　藉由吸收和引導周遭的輻射，卡蘿能從手中發射具有破壞性的指向性光子能量衝擊波。她還能用類似的方法把光子流當作推進力來飛行。卡蘿似乎隨時都能輕易地適應各種能量狀態，她能透過吸收電磁輻射及帶有龐大電荷的電漿等來源來操控光子的頻率和波長。只要她的身體能儲存夠多光子能量，卡蘿就能直接汲取，無須進行地球人所需的代謝和攝取氧氣就能在沒有空氣的太空中存活數天。

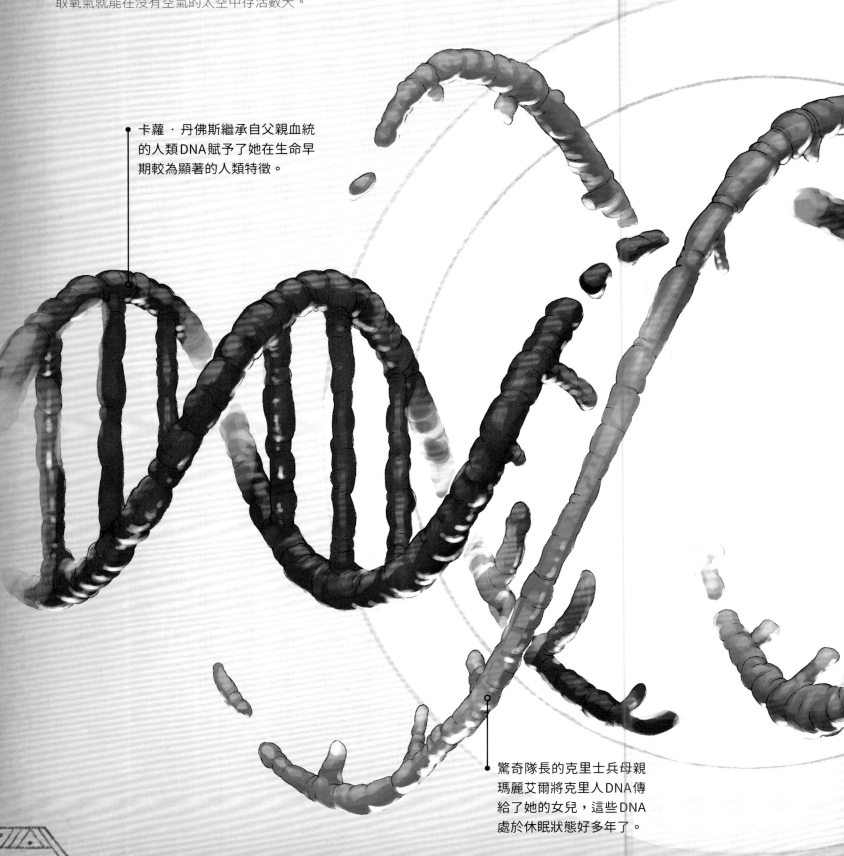

卡蘿·丹佛斯繼承自父親血統的人類DNA賦予了她在生命早期較為顯著的人類特徵。

驚奇隊長的克里士兵母親瑪麗艾爾將克里人DNA傳給了她的女兒，這些DNA處於休眠狀態好多年了。

雙星型態

卡蘿操縱光子能量的能力可能不完全來自她的人類或克里人血統。她的這股力量是在「孵化者」（一種會寄生的類昆蟲外星人）對她進行基因操控後才出現的。孵化者的惡行解開了卡蘿取得白洞（一個散發出大量光和能量的時空區域）能量的能力。在她連結到這個異常空間的期間，卡蘿能立即汲取更廣泛的星際能量，點燃自己全身，化為宇宙火焰，這種現象後來被稱為她的「雙星型態」。縱使她已經不會再與白洞連結，但在卡蘿將能力發揮至極限時，她的身體依舊會變成類似雙星型態的模樣，導致她的頭和手散發出恆星火焰的光暈。

評估

驚奇隊長也許是兩個世界的共同結晶，但她無論如何都會全力捍衛地球。史克魯爾人目前鎖定了她的家鄉入侵，所以我相信她會不計一切代價擊退他們。她的力量非常強大，而且她的紀律也不容置疑。我通常會張開雙臂歡迎驚奇隊長這樣的勢力加入我們，但她獲得力量的宇宙來源，可能會使她成為少數幾位能被超級史克魯爾人取代，而且沒有能馬上辨別的能量特徵差異的人選。因此在召喚她加入戰局前，我們可能還得再稍等一下。

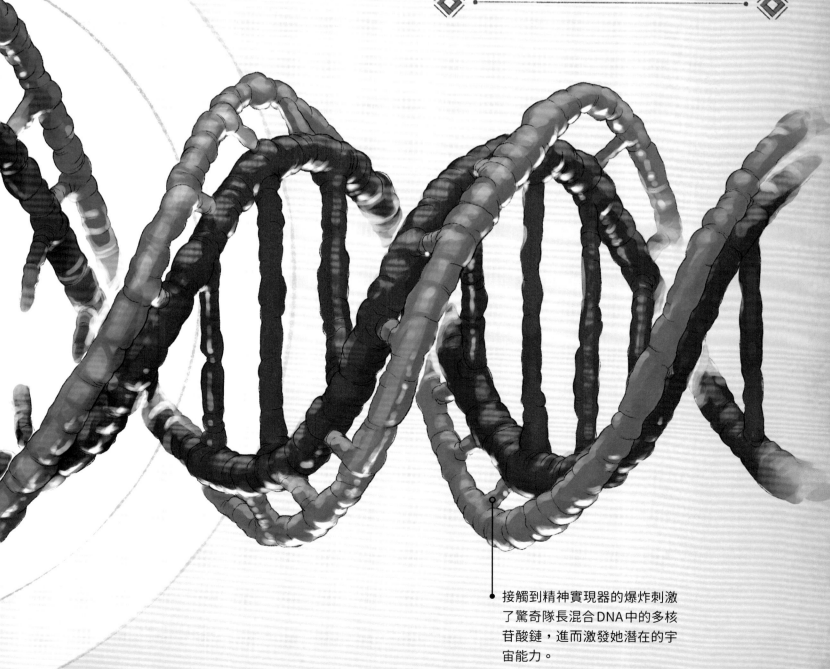

接觸到精神實現器的爆炸刺激了驚奇隊長混合DNA中的多核苷酸鏈，進而激發她潛在的宇宙能力。

驚奇先生

李德‧理查斯是一名科學家兼冒險家，渴望獲得知識，熱切地追求新的體驗。但即使是理查斯博士這樣擁有真才實學的人也無法預測所有變數。一場具有革命性的太空航程害李德和他最親愛的朋友們意外遭受宇宙射線的轟炸，他們經歷了極端的身體突變，並獲得難以想像的力量。自他們命運改變的那一天起，身為驚奇4超人的領袖，驚奇先生便運用他超聰明的腦袋和能夠延展的柔韌身體來迎接許多困難挑戰。

理查斯博士的肌肉和骨骼能在伸長的過程中維持連接，但其硬度會大幅下降。

即使已經伸長扭轉到無法辨識，理查斯博士的五臟六腑依然能保有完整的功能。

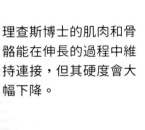 ## 生物形態

　　驚奇先生能任意改變身形樣貌，他具有驚人延展性的身體能把脖子、軀體和四肢伸長至極限，以便碰到遠處的物體或纏住對手；他四肢的伸長上限大約是1500呎。

　　目前只能斷定李德身體的細胞經歷了徹底的變形，他的皮膚細胞、神經元、紅血球、脂肪細胞，甚至是體內的細菌都表現出極具彈性的特質。雖然在驚奇先生的能力中，伸長是最常見的運用，但他已經掌握了自己的細胞結構，可以把自己的身形重塑成幾乎任何想像得到的樣貌。

驚奇先生身體中的每個細胞都具有非比尋常的延展性，能夠伸長和改變形狀，又不會因此受到損傷。

藉由把細胞結構壓扁成一張紙的厚度，驚奇先生便能穿越門縫或投信口。這種極薄的身形還能在空中滑行，或是變成降落傘的形狀，帶著他和同伴安全降落。

驚奇先生的身體平均體積是 1.7 立方呎，任何變化都不能超出這個大小。但在這個限制內，驚奇先生可以把身體變成障壁和網子，或是把手變成槌子或其他能派上用場的物體。驚奇先生還能改變臉部特徵來模仿特定個體，甚至是非人類物種。在努力嘗試過後，他還能變成複雜的機械裝置，並重現基本的機械功能。

◈ 耐久性

驚奇先生的柔軟度增加了他抵禦物理攻擊的能力，他柔韌的皮膚幾乎不會被刺穿，具有彈性的細胞在受到強烈衝擊後會回彈——他甚至能用身體接住子彈，並利用身體恢復原狀的彈力把子彈彈向攻擊者。他還可以在燃燒裝置周圍把身體變成一個球狀來阻隔爆炸，在自己不會受傷的情況下抑制爆炸能量。

理查斯博士的細胞形狀會改變，但細胞裡的基本成分——包含細胞膜和內部細胞器——都能保持完整。

驚奇先生

先前提過，李德·理查斯是第一個發現不穩定分子的人，這是開發超人類服裝和裝備的革新因子。像是在使用有專利的加工法後，不穩定分子就能跟理查斯設計的布料中的錨定分子結合，使整件衣服能對特定能量物質產生反應。結果就是服裝能無止盡地拉長、隱形，或是承受極端高溫。李德會持續調整和提升他的技術——他最新一代的不穩定分子衣甚至能讓穿著者用意念改變衣服的設計和顏色，因為它加入了能接受人類認知產物的奈米機器人 PSI 受器。

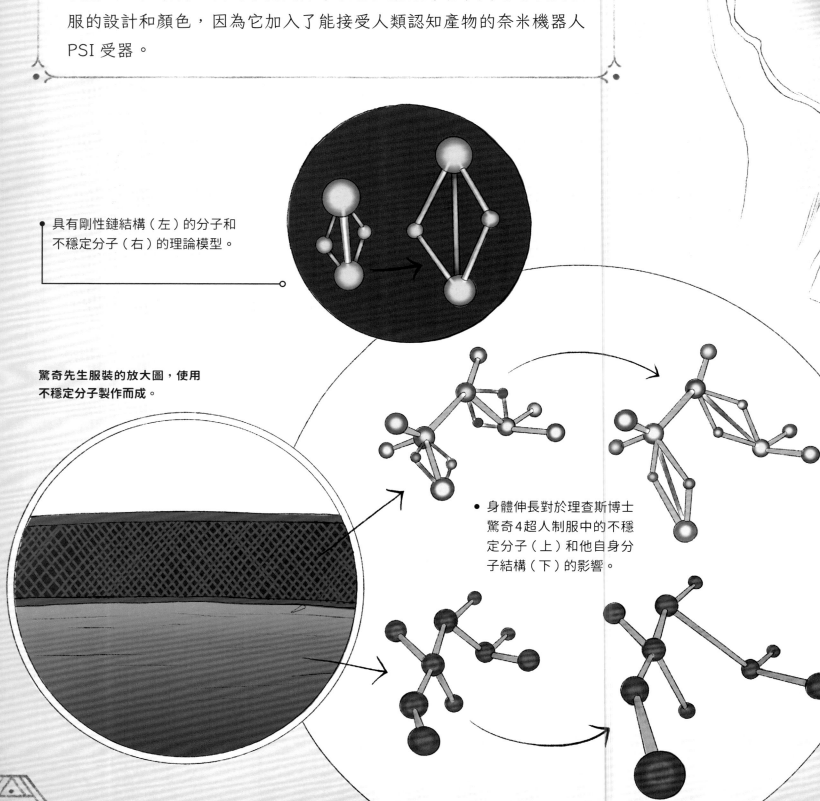

具有剛性鏈結構（左）的分子和不穩定分子（右）的理論模型。

驚奇先生服裝的放大圖，使用不穩定分子製作而成。

身體伸長對於理查斯博士驚奇4超人制服中的不穩定分子（上）和他自身分子結構（下）的影響。

藉由調整臉部特徵，理查斯博士能改變他的外表、聲音，甚至是強化他的感官。

- 自然狀態
- 改變聲音
- 強化視力

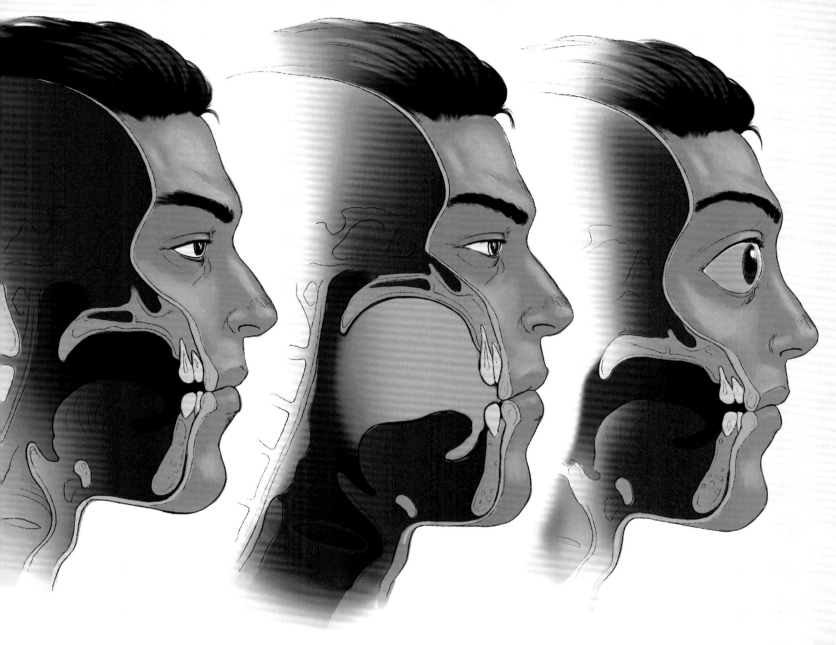

感官能力提升

　　驚奇先生會用調整生理構造來強化感官知覺，尤其是透過重塑他的視覺、聽覺和嗅覺器官。他可以運用類似的技術改變聲帶粗細來模仿別人的聲音，或是改變喉嚨和嘴巴的形狀來放大說話的音量。

評估

　　在任何需要迅速反應的情況中，驚奇先生都是不可或缺的人才，他天才的智慧肯定會對我們的陣營帶來益處。其實李德是能多次擊敗史克魯爾人的少數幾位英雄之一。史克魯爾人這種假冒者當然能複製驚奇先生具有延展性的變形能力，但沒有人能模仿他的才智或守護這個世界的決心。最終，我相信能讓我們在外敵入侵中佔上風的不是李德的超能力，而是他的智慧。

● 隱形女的視覺極度
敏銳，她能以一般
人眼做不到的方式
觀察周遭。

● 當隱形女變得無法被察覺
時，彩色光無法從她的視
網膜反射，所以在隱身狀
態下，她的視覺很可能是
單色的。

隱形女

蘇珊 · 史東 · 理查斯可說是驚奇4超人中最強大的成員。身為隱形女,她能在沒人能看見她的情況下發揮最大威力,使敵人被她的力場投射打得措手不及。

隱形能力

　　正如其名,隱形女能隱身於一系列電磁波波長中,完全不被發現。這個能力不是來自蘇珊的身體細胞,而是她對光波長的精神操控。她折射身形輪廓周圍光線的能力不會留下扭曲的操縱痕跡,在該狀態下,光線無法從她身上反射,所以她看起來就像消失了。蘇珊還能折射其他人周圍的光線,用類似的方法讓他們隱形。除此之外,藉由操縱光的不同波長,她能感知到上鎖保險箱的內容物,或是對個體進行醫學掃描,分析內臟和骨骼結構。

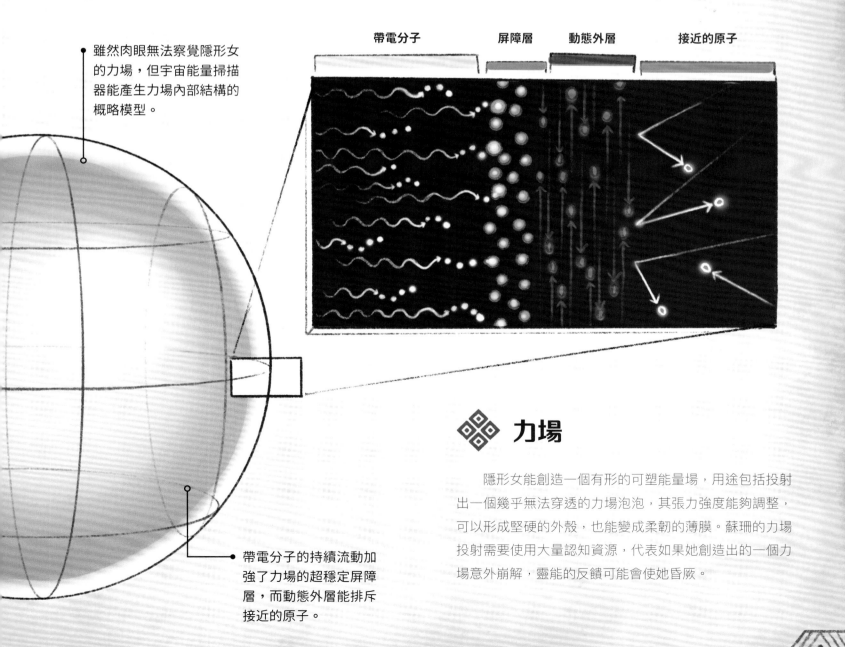

雖然肉眼無法察覺隱形女的力場,但宇宙能量掃描器能產生力場內部結構的概略模型。

帶電分子　　屏障層　　動態外層　　接近的原子

帶電分子的持續流動加強了力場的超穩定屏障層,而動態外層能排斥接近的原子。

力場

　　隱形女能創造一個有形的可塑能量場,用途包括投射出一個幾乎無法穿透的力場泡泡,其張力強度能夠調整,可以形成堅硬的外殼,也能變成柔韌的薄膜。蘇珊的力場投射需要使用大量認知資源,代表如果她創造出的一個力場意外崩解,靈能的反饋可能會使她昏厥。

隱形女

隱形女能控制光線，使光線穿過她的力場構造或彎曲繞過，進而改變力場中任何人或事物的可見性。

 ## 力場建構

在訓練過後，隱形女成功精進了她的靈能投射技巧，能製造出幾何形狀和多面結構。在這樣的創造範圍中能做出圓柱體和球體，甚至是破城槌和釘頭錘。蘇珊甚至能在物體內部創造一個隱形的能量球，然後擴大球體，直到物體因壓力而爆破。蘇珊的實體能量投射經過測量，直徑可達100呎，而她創造的空心薄外殼（像是圓頂防護罩）則能涵蓋數平方哩。

 ## 飛行圓盤

隱形女沒有飛行能力，但她似乎能在空中行走。她的祕密是投射力場的另一種應用，也就是創造出隱形的飄浮圓盤或柱子。蘇珊能把這些投射物當作踏腳石，在空中移動。

 ## 視覺強化

隱形女能看見她自己的隱形創造物，以及其他類似能力者創造出的隱藏結構。我認為她的視網膜不只能發現反射光，對於微量的宇宙能量也相當敏銳——其波長是地球人無法察覺的，但由於她的力量來源是一場宇宙中的意外，蘇珊也許有辦法看見這些波長。這種宇宙感知力理論上會讓隱形的物體化為沒有顏色的蒼白輪廓（因為反射的宇宙粒子會繞過正常眼睛中感光的視桿及視錐細胞）。除此之外，蘇珊在隱身時，她眼中的整個世界可能都是單色的，因為她相變的眼睛無法聚集和反射七彩光譜中的可見光。

評估

即使無法看見她的身影，我們也依然惦記著隱形女。我們迫切需要一位像她這樣能力高強的盟友，在戰場上和祕密行動中都能派上用場。如果我們能跟蹤一名史克魯爾人間諜回到他們的地球行動基地，蘇珊的隱形能力對於揭發他們完整入侵計畫中的關鍵訊息可能至關重要。

隱形女能根據需求調整
她力場的滲透性，讓氧
氣穿透力場障壁，或將
表面密封，把力場內部
變成完全氣密。

對許多道光譜的掃描顯示隱
形女是如何讓周圍的可見光
彎曲來隱形的。

可見光光譜

隱形力場

受到保護的空間

霹靂火

霹靂火燃燒的身體像太陽一樣明亮，無論到哪都令人留下深刻的印象。強尼‧史東曾因火爆的脾氣而臭名遠播，但經過許多年，驚奇4超人中最年輕的成員已經能深思熟慮，更加成熟。雖然他是4超人中最有可能利用超級英雄地位來滿足私利的成員，但當出擊的時刻來臨，很少有人能像他一樣可靠地衝鋒陷陣。

火焰能力

霹靂火能利用周圍的大氣能量，用過熱電漿包覆自己的身體。在這個狀態下，強尼‧史東能以意念控制圍繞在他周圍的陽離子和自由電子，進而把火焰分離至特定的身體部位，甚至是指尖。平均上，霹靂火電漿燃燒層產生的火焰光環能從他的表皮往外擴散5吋，燃燒溫度高達華氏780度。據觀察，他全身的火焰能毫不間斷地燃燒近17個小時。

溫度操控

霹靂火可以操控他附近物體的溫度，使其升高到華氏幾百度。他還能吸收鎖定區域周圍的熱能，使目標物的溫度降至低於冰點。透過把熱能吸收到身體中，霹靂火還能撲滅附近的火焰。

跟所有火焰一樣，霹靂火的火焰也需要氧氣才能燃燒，他無法在真空太空或通風不足的情況下點燃他的電漿火焰。雖然阻燃泡沫有時能熄滅霹靂火的火焰，但如果他沒被後續的攻擊命中，就能迅速恢復到最大火力。

霹靂火的身體與他周邊的電漿燃燒層之間隔了一層薄薄的空氣。

霹靂火可以從他的電漿燃燒層中製造出燃燒的結構體，例如這顆火球，然後朝敵人丟過去。

當霹靂火啟動他的能力時，他能控制身體的哪個部位會被火焰包圍。

霹靂火

溫度：華氏100萬度
範圍：0至300呎

溫度：華氏50萬度
範圍：300至600呎

溫度：華氏25萬度
範圍：600至900呎

霹靂火新星爆炸所
產生的熱脈衝等於
引爆一顆核彈頭。

◈ 新星火焰及新星爆炸

　　在極大的壓力下，霹靂火可以提升他火焰的溫度和強度，達到他稱為「新星火焰」的狀態。
要達到超高溫電漿投射的閾值需要消耗大量能量，霹靂火可以選擇以多方向波的形式釋放所有
能量，稱之為新星爆炸。溫度會達到將近華氏一百萬度，這種爆炸將會夷平並燒毀半徑一公里
內的一切事物，使出一次新星爆炸會耗盡霹靂火儲存的電漿，大概需要半天才能恢復。

火焰操控

　　霹靂火能重塑他熾熱的火焰來釋放火球，或創造出燃燒的空氣柱。他有時會製造出一條持久的火焰軌跡，在天空中寫下訊息。在全神貫注下，甚至能變出自己身體燃燒的複製品來當作誘餌。他創造出的大部分獨立結構體都會以更快的速度燃燒，並在短短幾分鐘後熄滅。

飛行能力

　　根據李德的一個理論，霹靂火在威力提升時，他的電漿火焰光環中增加的氫含量會在他周遭形成一團單原子的氫原子雲。這團熱雲會在霹靂火的周圍產生正浮力，讓他能乘著氣流飄浮。藉由在腳底下製造集中的火焰柱，霹靂火應該可以像搭載火箭引擎一樣乘著這股推進力前進。為了抵擋高速大氣亂流，他能把他前方的空氣分子離子化，製造出一個靜電盾牌。

在大氣層中飛行時，霹靂火會把路徑上的空氣離子化，形成一個靜電盾來保護自己。

集中的指向性火焰柱以將近時速140哩的速度把霹靂火推向空中。

評估

　　霹靂火最強大的烈焰可以把瓦干達首都伯寧扎納燒毀殆盡。如此具有破壞性的潛力使強尼·史東成為我們能招募到我方攻擊部隊中最有價值的一位英雄。除了令人驚嘆的超人類能力，強尼還曾在不知情的情況下短暫地娶了一位史克魯爾人間諜。儘管他們目前已經疏遠了，但我們也許能把這段關係當作我們的優勢。希望強尼願意揭開一些舊瘡疤，來避免史克魯爾人在我們身上留下新的傷口。

石頭人由岩石構成的外表包覆
著柔軟許多的組織──
不過他的肌肉組織
依然遠比一般人
結實。

從石頭人身體突出的緊密連結
石板,其底部幾乎就像爬蟲類
的鱗片。

石頭人

跟驚奇4超人的其他成員不同，石頭人經歷了可怕的變形，害他立刻淪為人類社會的邊緣人。雖然他由岩石構成的外表會讓許多人覺得很像怪物，但正是班傑明‧J‧格林姆高尚的心地使他成為瓦干達最值得信賴的盟友。

強化的耐久性

暴露於宇宙射線把班‧格林姆的皮層變成緊密連接、如磚頭一般的厚實塊狀物。這些橘色的石片形成一個盔甲外殼，能夠承受爆裂物和大口徑槍砲的攻擊，耐得住從華氏負75至800度的極端溫度。在他的盔甲下，石頭人擁有類似人類的肌肉骨骼系統，不過就算是基本的有機結構，他的肌肉和骨骼也遠比一般人更耐久。

石頭人的表皮具有高度耐久性，但磨損的痕跡卻很明顯。

仔細觀察會發現這些石板具有類似沉積岩層的紋路，這可能是他表皮生長過程的產物。

想讓石頭人身體的任何石板鬆動都需要巨大的外力，只有跟浩克差不多強壯的生物所使出的攻擊才能打落一片。儘管如此，石頭人的外殼在極度乾燥時會剝落碎裂。即使看起來很像岩石，我想知道石頭人的盔甲會不會是一種類似角蛋白的纖維狀蛋白質。擁有生物基礎的矽酸鹽外殼能解釋為什麼石頭人能長出新的石板，節肢動物的外骨骼就是一個在生物演化中產生類似結構的例子。

石頭人

班傑明・J・格林姆的
人類形態。

開始蛻變時，格林姆的頭髮
會掉光，皮膚開始變硬。

隨著身體特徵的改變，類似盔甲的石
板開始從格林姆的皮膚往外突出。

蛻變完成，班・格林姆
變成了石頭人。

超人類的力量

石頭人輕輕鬆鬆就能硬舉超過一百噸，如此驚人的力量大部分要歸功於構成他外殼的石板。這些石板在壓力下會緊密連接，作用類似外骨骼骨架，相互支撐來形成堅固的輔助支持系統，強化石頭人的骨骼和肌肉。對石頭人如此龐大的體型來說，他的戰鬥反應可說是驚人地敏捷。

生理構造的變化

石頭人的手指和腳趾都只有四隻。在他變回人類形態的少數情況中，四隻指頭會變回五隻，代表在他最初的突變過程中，有兩組指骨融合成一組了。石頭人沒有任何外耳結構，他的聽覺受器被厚實的真皮覆蓋住了，所以他對聲音的感知可能要仰賴位於頭部左右兩側可見岩層下方的鼓膜。有別於聲音從耳道傳入，他的鼓膜能辨別穿過身體岩石表皮的振動，並把那些訊號傳到中耳的鼓室。

蛻變

儘管外觀相對穩定，但石頭人的宇宙突變似乎有些脆弱，他已經恢復成人類形態好幾次證明了這一點。然而恢復成人形每次都不會持續太久，石頭人最終都會變回岩石狀態。最近他開始使用一種血清，使他每年可以恢復人形一次，一次大約持續一週，會像蝴蝶破繭而出那樣讓他的石頭表皮脫落。

在暴露於宇宙射線後的頭幾週，石頭人的外觀開始浮現出半成形的塊狀物，比起石頭，橘色的皮膚反而更像鱗片。不久之後，他的石板開始出現並硬化，而在石頭人的超級英雄生涯中，他多半都維持著這種形態。

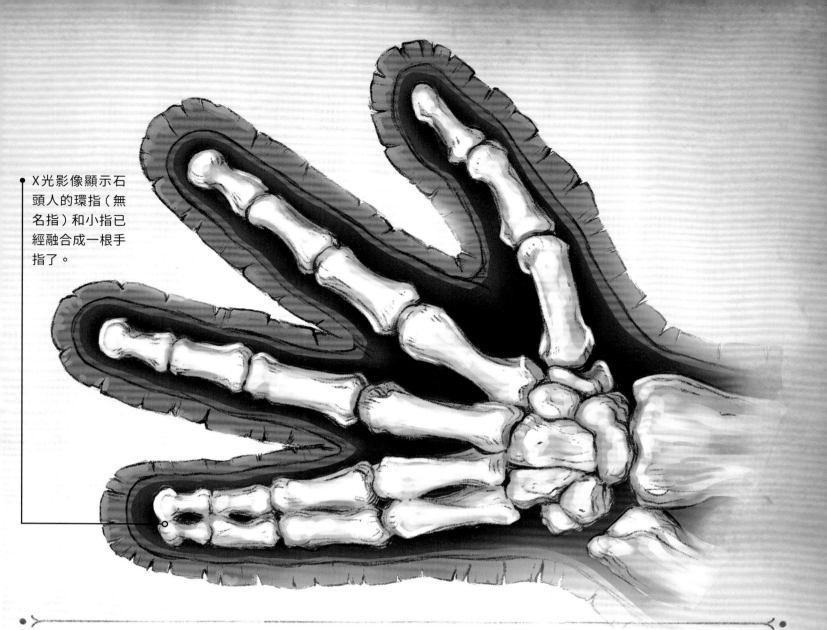

X光影像顯示石頭人的環指（無名指）和小指已經融合成一根手指了。

 我推斷石頭人的身體強化也讓他得到了抗衰老的特質。他的壽命也許接近永生，前提是他能避免會立刻了結他生命的巨大身體創傷。只要我能取得他的一塊岩石皮膚，我打算跟石頭人先前的盔甲樣本資料進行時間比對——類似碳定年法中對同位素進行比例量測法的過程——看看我的理論是否正確。

評估

石頭人強而有力的形態非常適合摧毀各種身形大小的敵人，即使是史克魯爾人大軍那樣龐大的入侵勢力也會遭受嚴重的打擊——正如石頭人會自信滿滿地這樣說道。即使他的拳頭無法擊退一整個入侵艦隊，但我相信他無敵的鬥志能激勵我們所有人繼續戰鬥，直到我們的世界能再次安全。

作為一個團隊，驚奇4超人在能力和專長達到了完美的平衡。因此，一旦確認了他們的身分，就必須招募他們加入我們抵禦史克魯爾人入侵的行動。驚奇先生最適合開發升級版的史克魯爾人偵測系統；隱形女可以參加偵察任務，而她弟弟霹靂火的獨特防禦和進攻能力可以在前線派上用場；最後是石頭人，我相信他被石頭覆蓋的一身肌肉能把任何證實是我們敵軍的人迅速解決掉。

5
外星生命

我的母親恩雅米深受群星和其訴說的故事吸引，人們只需要看一眼瓦干達的夜空，就能理解為何天空讓她大感震懾。現在，我們非常清楚人類在這個宇宙中並不孤單，地球將再次成為邪惡宇宙勢力的戰場，且這股勢力一心想毀滅我們。幸運的是，並非所有外星居民都想征服我們。

在擔任復仇者的期間，我遇過各種外星物種，從阿坎提到澤諾克斯人都有。宇宙中的生命跟天上的星星一樣多，但我希望能說服接下來的一些外星生命加入我方陣營。

以下檔案記載的某些資訊僅僅是臆測，因為像薩諾斯這樣的個體永遠不會接受醫學調查。其中有大量資料是來自稱為「星際異攻隊」的星際冒險家——雖然他們經常誇大事實，但我很期待最終能把他們豐富有趣的觀察結果轉換成明確的研究資料。

薩諾斯強而有力的肌肉組織跟浩克很
相似,在考量到他的其他能
力前,他對我們的
世界就已經構
成了莫大的
威脅。

薩諾斯

很少有外星人對我們世界造成的痛苦能超越薩諾斯。永恆族是一個長壽的人類分支種族,薩諾斯誕生於永恆族的一個殖民地,居住在土星的衛星泰坦星上。他有一種遺傳缺陷,身體特徵因此變得怪異可怖。薩諾斯被排擠和疏遠,他透過屠殺自己的同類來復仇,還想藉由一場星際征服來博取死亡女神的青睞(死亡女神是一個表面上代表所有文化中的生命終結,類似神的一個存在)。在薩諾斯持有全能的無限手套期間,這位「瘋狂泰坦」甚至成功消滅了宇宙中的半數生命。幸虧我們世界的捍衛者聯手出擊,成功逆轉了他造成的破壞。

薩諾斯具有永恆族的血統,但他獨特的生理構造是基因異常的意外產物。

永恆族的生理構造

永恆族據說是名為天神族的神祇種族對原始人類進行基因實驗的結果。永恆族有許多人在外表上與人類並無二致,但是他們的細胞構成更適合處理周遭宇宙能量的波長。他們有辦法收集和儲存能延長他們壽命的宇宙之力,還能把這股力量用於肌肉增強、能量投射、物質操縱和靈能精神控制。

變異族症候群

薩諾斯DNA中一個潛伏的基因引發了一種症狀,導致了他的生理異常跟一系列相關突變,這被永恆族歸類為「變異族症候群」。與其他永恆族不同的是,薩諾斯的皮膚是紫色的,下巴有許多凹痕,加上超級壯碩的生理構造,讓他的力量與浩克不相上下。他強韌的細胞結構有強大的恢復能力,傷勢能快速癒合。薩諾斯理論上是能被殺死的——他最近被斬首證明了這一點——但每次他看似被消滅時,他都能找到方法復活。

薩諾斯

在薩諾斯使用無限寶石這種具有強大宇宙力量的物品時，他巨大的力量和強韌的神經系統能保護他不受傷害。

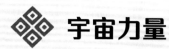

宇宙力量

由於他的變異族突變，薩諾斯的細胞能吸收並合成出更強的環境宇宙能量。藉由重新導引這股能量，薩諾斯能從手或眼睛發射破壞力強大的衝擊波。他還能用宇宙能量行新陳代謝，得到幾乎無窮無盡的生命力，使他不需要太空裝或氧氣就能在真空宇宙中生存。

薩諾斯有可能透過基因增補發展出一種專門用來吸收和重新引導強烈宇宙能量的輔助神經系統。

薩諾斯天生就能操縱宇宙能量，但讓他更具危險性的是他傾向使用宇宙魔方和無限寶石這類威力擴及全宇宙的道具。薩諾斯會不惜一切代價，把他天生的能力提升到像神一般的絕對強大。他已經證明他在使用這些道具後，不論是身體或精神都不會受到任何傷害，這是非常驚人的一件事。

評估

薩諾斯的生理構造使他幾乎不可能落敗，能在所有對決中占上風。如果他基於某種原因決定地球值得出手相助，那麼薩諾斯肯定會成為我們對史克魯爾人反擊的重要生力軍。不過我不會妄想這位瘋狂泰坦會持續為我們的目標而戰，我擔心他更可能會一有機會就對我們發動攻擊。因此，儘管他的力量會帶來無可否認的優勢，我認為招募他成為盟友並非明智之舉。

共生體

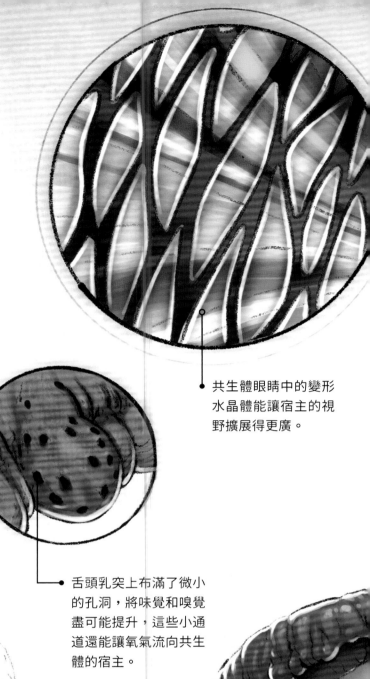

地球上第一個共生體最初只被認為是蜘蛛人在額外維度冒險後帶回家的「活體服裝」。我們後來得知蜘蛛人的這件服裝是一種克林塔共生體，這是一種能變形的生命體，會與活體宿主建立深層的連結來延續生命。

 共生體特徵

　　在原始狀態下，克林塔共生體是一團沒有特定形狀的他形原生質。由於共生體沒有內骨骼，也沒有像是肌肉或肌腱這種用來移動的組織，所以共生體的移動方式是把自己的一部分擠壓成「假腳」或偽足，然後就像沒有明確形狀的變形蟲細胞（在動物、真菌和單細胞真核生物中都有）拖著身體其他部分前進。共生體能進一步運用這些延伸偽足，把身體的一部分轉變成能纏住東西的鞭子、能量阻擋盾，甚至是類似蜘蛛人使用的有機蜘蛛絲。

　　有些人認為這些克林塔生物是寄生蟲，但這些共生體會提升宿主的身體素質，而不是吸乾宿主的生命。有兩個人類宿主尤其值得注意，他們後來被稱為猛毒和屠殺。這兩人在與他們的共生體結合後得到了超人類的力量。克林塔共生體會把人類宿主包覆在牠們體內，形成一個靈活透氣的有機防護衣，大幅提升宿主的身體素質。在這個形態中，共生體會化作外骨骼，以機械動力服的方式增強宿主原本的肌肉組織。

共生體眼睛中的變形水晶體能讓宿主的視野擴展得更廣。

舌頭乳突上布滿了微小的孔洞，將味覺和嗅覺盡可能提升，這些小通道還能讓氧氣流向共生體的宿主。

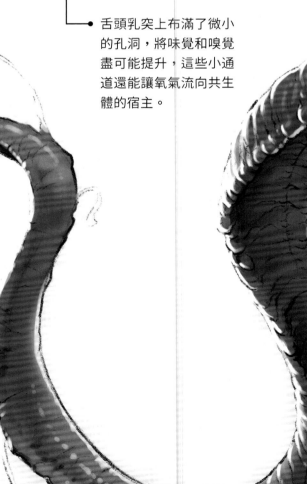

雖然猛毒共生體經常展現能纏繞物體的長舌頭，但這並不是共生體物種共有的身體特徵。

猛毒會把生命體整個吞噬掉，而這種行為要如何不對人類宿主「沒那麼像流體」的身體造成嚴重創傷，依然有待確認。

牙齒上布滿了能緊緊抓住獵物的小倒鉤，獵物幾乎不可能脫逃。

共生體

最初的共生體是幾世紀以前由所謂「黑衣之王」的原始神靈努爾所創造出來的生物武器。這些古老的共生體對牠們的創造者發起叛變，把努爾困在一個由牠們的生物體結合成的監獄中。這個監獄後來成為名叫「克林塔」的星球，也就是共生體的「行星」。努爾最近從監禁中逃脫，重新控制了他的軍隊，但在襲擊地球的行動中又一次栽在猛毒手裡。

屠殺共生體樣本接觸各種外部刺激的情況。

- 樣本在感受到威脅時會表現出攻擊性。

- 被分離出來時，共生體會試圖逃走，去尋找牠的宿主。

- 樣本對火焰和聲波會有不良反應。

❖ 共生連結

共生體的細胞結構是流體，也能根據需求變硬成固態分子狀態。這種能力可用於防禦，其堅硬的外殼能彈開刀的戳刺，或在衝擊點擋下重擊。

就像章魚跟其他頭足綱動物，共生體能改變牠們液態真皮的色調和質地來偽裝自己和宿主。色素細胞的存在——或是共生體具有的外星相等物質——也許能讓牠們迅速改變顏色。同樣的，類似頭足綱動物乳突的圓形小隆凸也能解釋共生體能模仿各種服飾織品材質紋理的能力。儘管共生體看似能適應各式各樣的環境，但研究指出，像是巨大聲響或火焰這種外部刺激，共生體可能會因此感到驚恐、卸下偽裝，而且在某些極端情況下，甚至會切斷與宿主的連結。

「共生」描述的是兩個生物體之間任何長期的關係，其中包括互利共生（兩個生物體都有得到利益）和寄生（一個生物體以另一個生物體為食的單方面受益）。雖然蜘蛛人和猛毒跟同一個外星生命有過共生經歷，但對於各自的共生連結該如何分類，我相信他們的看法肯定大相逕庭。克林塔共生體會凸顯出宿主的個性——例如把攻擊傾向提升成對暴力無法滿足的渴望。由於共生體會融合進宿主的神經系統中，所以兩者的心智會共享一個認知連結。這種連結有時會非常深入：以屠殺來說，克林塔共生體跟宿主是從細胞層面結合，污染了人類宿主的血液。因此如果不殺死宿主，就無法除掉共生體。

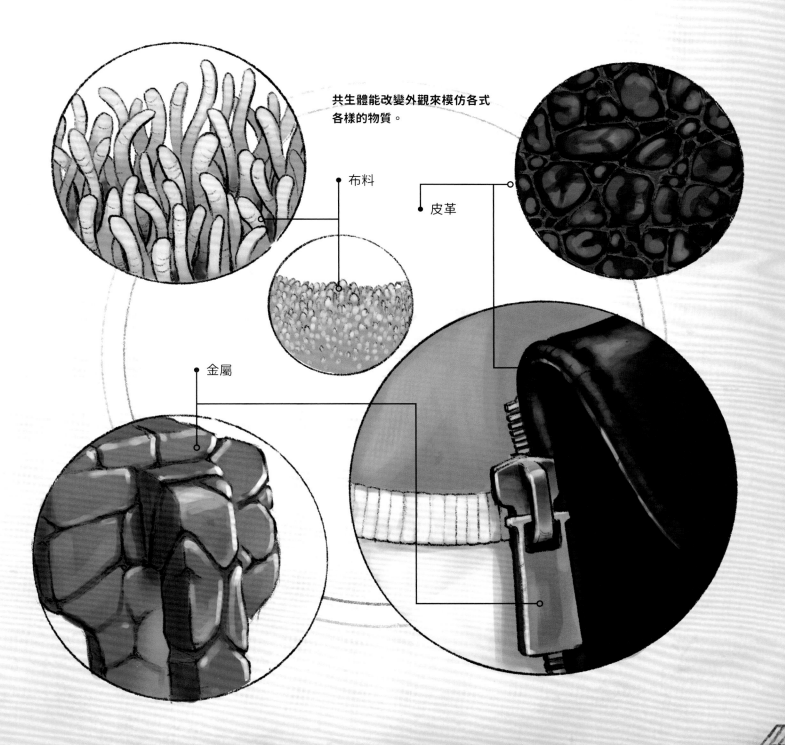

共生體能改變外觀來模仿各式各樣的物質。

布料

皮革

金屬

共生體

即使在分離後，克林塔共生體依然會與前宿主維持長久不滅的心靈感應連結。這種影響似乎是去除共生體後殘留在宿主 DNA 裡的「法典」所引起的。所有共生體都能辨識出曾經是克林塔共生體宿主的生物，而在極為罕見的情況下，據說有前宿主利用這個法典來連接上克林塔共生體共有的蜂巢思維。

猛毒共生體在地球活動的
期間已經產下許多知名的
後代。

● 尖叫

● 鞭笞者

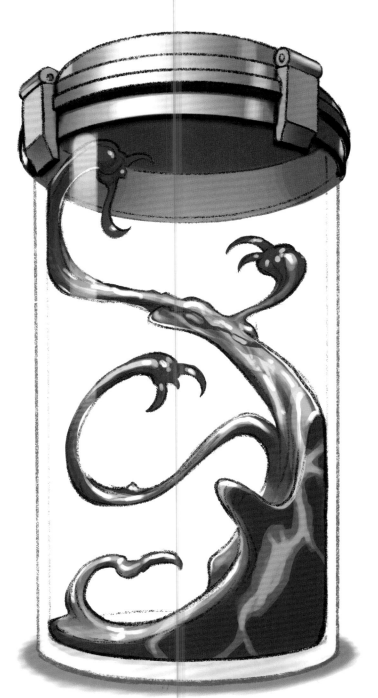

生產能力

　　克林塔共生體行無性生殖，從潛藏在牠們遺傳結構中的「種子」產下幼體。蜘蛛人最初的猛毒共生體產下了後來被稱為屠殺和尖叫等生物體。牠們還能吸收其他共生體來強化自己，有時還會增強牠們的生理機能，創造出新的混合形態。

評估

　　我們對於共生體還有很多不了解的地方，理論上，如果瓦干達的戰士能與這些外星生命體大軍結合，我方勢力將變得銳不可當，而且也許能毫髮無傷地度過未來的危險。但這麼做的話，我們很可能要面對另一種威脅。在看過太多克林塔共生體宿主陷入瘋狂後，即便是面臨現在這種危機，我也不願毫無顧忌地拿瓦干達保衛者的生命冒險。

● 噬菌體

● 暴動

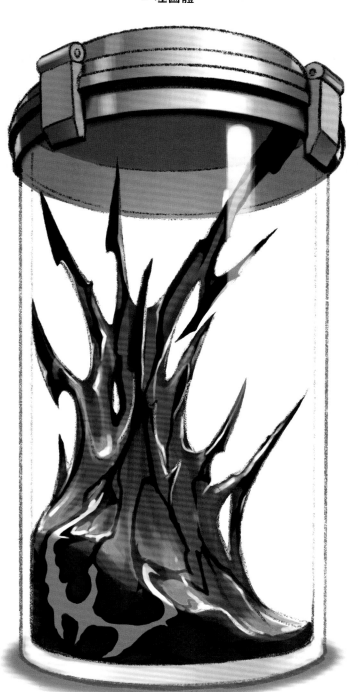

克里人

身為史克魯爾人萬古以來的死敵，克里人是來自哈拉星的戰士及征服者，該星球距離地球大約16萬3千光年。數千年來，克里人建立了一個幅員超過大麥哲倫星雲的帝國。我們很幸運能有一些克里人盟友，但他們經常對地球的主權構成威脅。

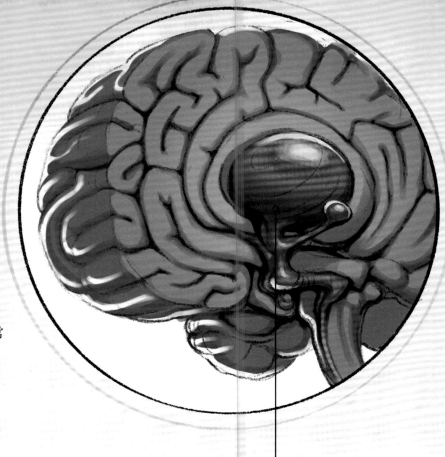

外星人生理構造

除了天然體色的異常變化，克里人看起來跟人類非常相似。但在外觀之下，他們於母星高重力的環境下發展出結實的高纖維肌肉，一個普通的克里人幾乎是人類的兩倍強壯。全身掃描顯示克里人擁有多的備用器官，如果有器官嚴重受損，其中一個備用器官就會開始運作，使克里人能承受對人類來說可能致命的傷勢。儘管有這些優勢，克里人也有弱點。由於哈拉星的大氣層富含氮氣，還沒習慣地球空氣的克里人訪客必須戴上過濾面罩。

存在於少數女性克里人大腦中的超能力腦葉釋放了克里人父權社會所害怕的精神力。

超能力

少部分女性克里人天生具有超能力，能影響男性克里人，甚至是從受害者身上吸取生命能量。這些女性克里人幾乎無法帶著這種力量長大成人，因為克里人的法律規定，只要是展現出這種吸引力的女性，一旦成年就得動手術切除大腦中的超能力腦葉。

克里人族群皮膚的天然顏色主要有兩種：大多數人呈現藍色，有一小部分的克里人膚色偏粉紅。根據驚奇隊長提供的報告，粉紅膚色的族群是克里人在千年以來的征戰中與其他外星人種通婚繁衍的結果。粉紅膚色的克里人數量曾有一度超過藍皮膚的同胞，但血統純正的藍皮膚克里人仍緊握著領導機構的權力。在哈拉星毀滅後，克里人的這兩個種族正努力合作，重建他們的帝國。

額外的心臟和肺等備用器官
都儲藏於克里人的腹腔裡，
能在主要器官受損時發揮重
要的功能。

克里人的呼吸循環系統
吸收和運用氮氣的方式
跟地球人運用氧氣的方
式一樣。

克里人

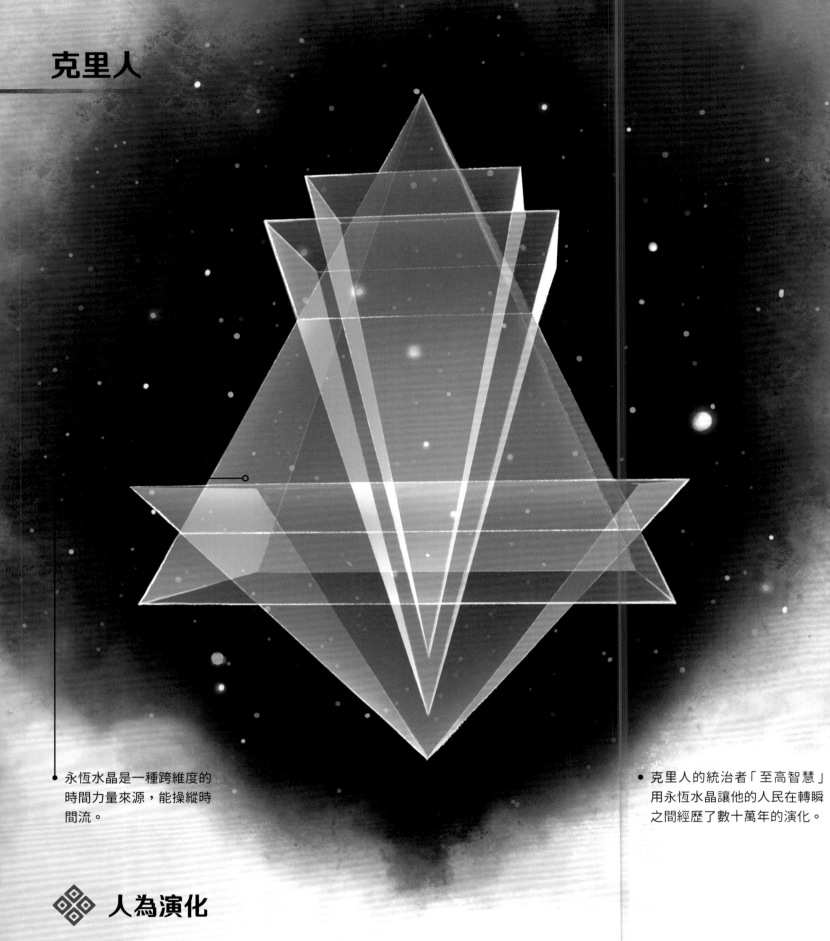

永恆水晶是一種跨維度的時間力量來源，能操縱時間流。

• 克里人的統治者「至高智慧」用永恆水晶讓他的人民在轉瞬之間經歷了數十萬年的演化。

◈ 人為演化

當萬古以來的銀河戰爭將他們逼向滅亡邊緣時，有些克里人開始尋找能確保他們種族能存續的方法。為了重新取回克里人的統治地位，一群被稱為魯爾的狂熱分子使用了一種額外維度器物「永恆水晶」來大幅提升他們的身體素質。這個加速演化的實驗賦予了一小群克里人有限的變形能力，能快速適應惡劣的環境。這些進化的克里人都表現出注定的遺傳形式，這些形式強化了特定能力，像是飛行、水下呼吸，或是其他有益的適應能力。經年累月，由永恆水晶誘發的身體素質強化似乎已經消失，多數經歷過進化的克里人都恢復到原本的形態。

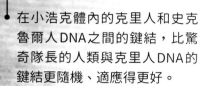

在小浩克體內的克里人和史克魯爾人DNA之間的鍵結，比驚奇隊長的人類與克里人DNA的鍵結更隨機、適應得更好。

史克魯爾跟克里帝國長久以來一直在打仗，但後來出現了一個混血兒，同時具有兩個種族的特徵。身為史克魯爾公主和克里傳奇邁威爾的兒子，這位叫做小浩克的英雄在地球上長大，對兩個想利用他的帝國離得遠遠的。他的強化能力包括像克里人的韌性和力量，還有像史克魯爾人的變形和再生能力。他已經證明自己具有兩個種族的優點，並持續付出莫大努力，在包括地球的三個世界間建立長久的和平。

評估

在跟史克魯爾人進行戰爭數千年後，可以合理地假設克里帝國陣營會很樂意協助剷除地球上的史克魯爾人威脅。克里人的科技比我們先進許多，我相信他們可能已經設計出我們無法做到的史克魯爾人偵測法。如果我們能鞏固與克里人的關係，光是他們人數眾多這一點就能助我們擊退史克魯爾人的威脅。但我們必須謹慎行事，因為試圖抵禦一個有敵意的帝國可能會害我們被另一個帝國趁虛而入。

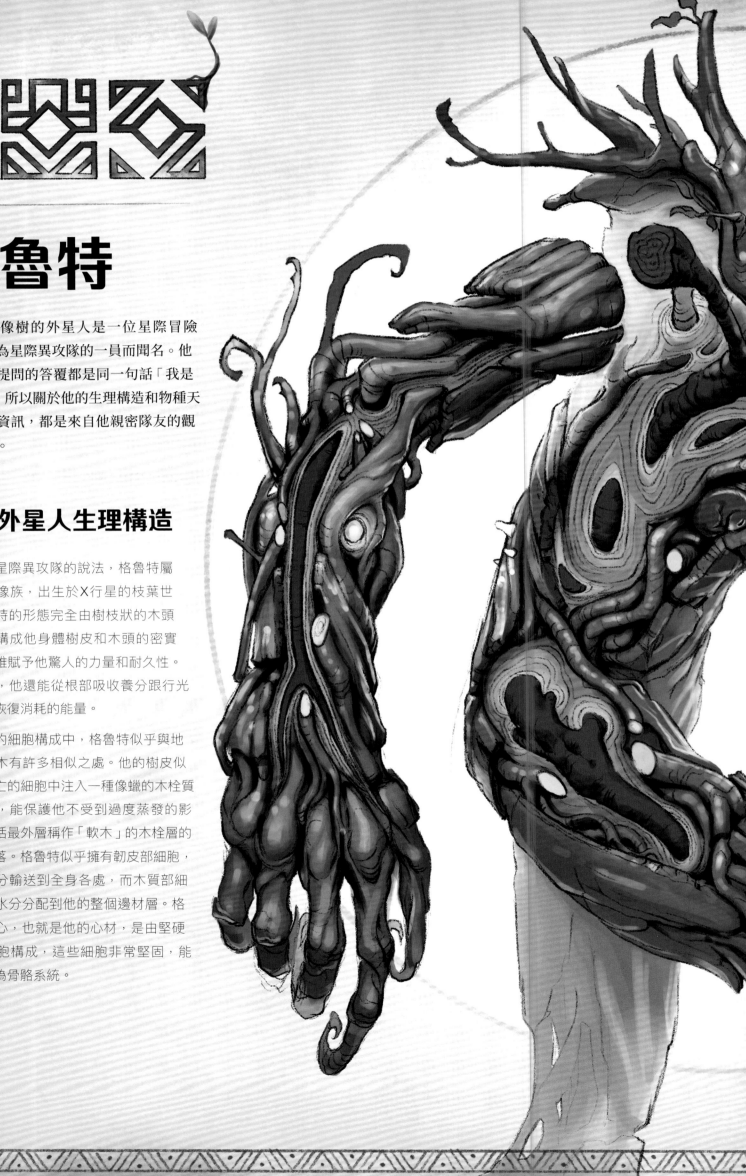

格魯特

這個長得像樹的外星人是一位星際冒險家,以身為星際異攻隊的一員而聞名。他對於所有提問的答覆都是同一句話「我是格魯特」,所以關於他的生理構造和物種天性的所有資訊,都是來自他親密隊友的觀察與轉述。

◈ 外星人生理構造

根據星際異攻隊的說法,格魯特屬於花神巨像族,出生於X行星的枝葉世界。格魯特的形態完全由樹枝狀的木頭組成,而構成他身體樹皮和木頭的密實纖維素纖維賦予他驚人的力量和耐久性。除此之外,他還能從根部吸收養分跟行光合作用來恢復消耗的能量。

在他的細胞構成中,格魯特似乎與地球上的樹木有許多相似之處。他的樹皮似乎是在死亡的細胞中注入一種像蠟的木栓質所構成的,能保護他不受到過度蒸發的影響,這包括最外層稱作「軟木」的木栓層的龜裂與剝落。格魯特似乎擁有韌皮部細胞,可以把養分輸送到全身各處,而木質部細胞可以把水分分配到他的整個邊材層。格魯特的核心,也就是他的心材,是由堅硬的死亡細胞構成,這些細胞非常堅固,能當作他的偽骨骼系統。

格魯特多層身體結構的截面
顯示出他的內部構造。

- 堅固的心材骨架
- 纖維構成的邊材緩衝層
- 交織纏繞的樹枝「肌肉組織」
- 能行生物發光的細胞器
- 像樹皮的外層殼板

格魯特似乎與多數植物有一種念力連結，能用精神力誘使植物生長，或是遠端操縱藤本植物當作自己四肢的延伸。格魯特還能把四肢化為武器，像是把他的樹枝伸長成鞭狀的捲鬚，或是用他的根來設圍套誘捕敵人。格魯特也能展現出高強的植物心靈傳動力，他能吸引樹葉、樹枝、樹皮等其他植物所掉落的物質，在他的核心周圍形成外殼，進而增強他的形體，使他能把身高提升到超過20呎。

格魯特

再生能力

　　格魯特的治癒能力讓他能藉由種植替代的身體部分來恢復形體。格魯特身上的每一塊木片都含有他完整的意識，也包括記憶。如果他的一根殘枝被種到土壤、得到適當的栽培，這個殘枝將能在數週或數月內成長為完全恢復的成年格魯特化身。所以其實能同時栽培出複數個格魯特，而且每個複製格魯特的個性幾乎會一模一樣。不過格魯特似乎能用未知的方式操縱他的複製品，據觀察，他曾創造出具有攻擊性的戰鬥用複製品。

　　格魯特有限的言語能力並不是物種的共同特徵。根據星際異攻隊的說法，格魯特以前具有完整的對話能力，但在受到嚴重的戰鬥傷勢並從幼苗再生後，他就失去了這種能力。復活的格魯特受到喉嚨硬化所苦，喉頭很快就變得完全僵硬，只能發出一些人耳能夠理解的聲音。不過異攻隊宣稱能聽出格魯特發聲的細微差別，可以理解他想表達的深層意涵。

評估

　　格魯特類似樹木的生理構造讓他成為一個非比尋常、具有潛在價值的物種，尤其是考量到他具有操控植物生命的能力。一旦史克魯爾人大軍的滲透演變成全面入侵，也許地球上的原生植物和植被能轉化為用來抵禦他們的強力武器。只有在史克魯爾人想征服的世界轉而對抗他們時，正義才能伸張。

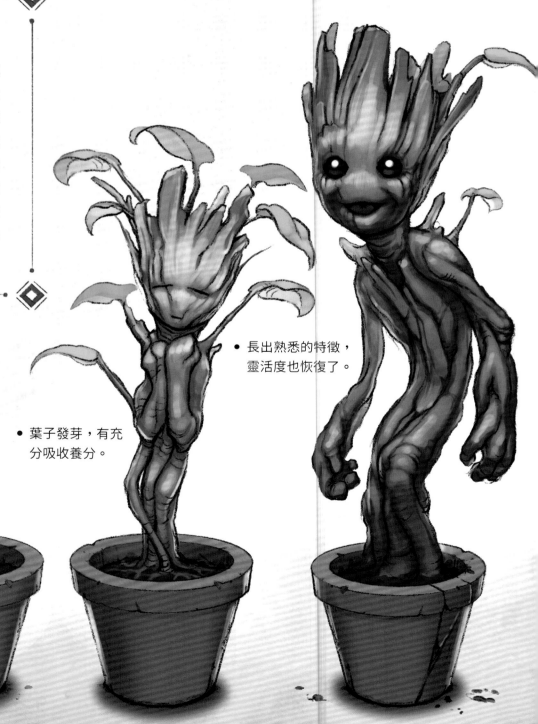

格魯特再生循環的早期階段

● 種下殘枝。

● 葉子發芽，有充分吸收養分。

● 長出熟悉的特徵，靈活度也恢復了。

格魯特的身體主要由
類似木頭的有機物構
成，卻能表現出天然
的防火性。

由於沒有類似大腦
等傳統器官結構的
存在，目前尚不清
楚格魯特的植物念
力來源為何。

格魯特的喉嚨已經
硬化成一種異常的
結構，嚴重限制了
他的說話能力。

6
動物能力

由於我也穿著黑豹的服裝，我能理解人類與同為地球居民的野獸之間的原始連結。藉由使用野獸的形象和特徵，超能力者試圖在我們的敵人心中喚醒自人類發展初期至今根深蒂固的恐懼。

許多超能力者仰賴科學技術來模仿與他們名號相關的動物能力，有些則與他們的動物化身有著深刻的連結。有些人是在出生時獲得天賦，有些人則是科學異變的產物，但這些超能力者都是人類結合野獸能力時可能會產生的奇蹟案例。

蜘蛛人

蜘蛛人以他輕鬆的俏皮話聞名，但他無憂無慮的態度背後藏著強大的力量，其實他的能耐比許多人知道的厲害許多。由於蜘蛛人經常造訪復仇者聯盟的醫療中心，我們已經取得了他DNA和有機組織的足夠樣本，能分析他的生理機能。

蜘蛛人的肌肉非常結實，能增加力量，又不會使他輕盈的身軀變得過於壯碩。

◈ 具有放射性的血液

　　根據蜘蛛人自己的說法，他是因為被一隻受到放射線照射過的蜘蛛咬傷而得到超能力的。我進行血液樣本分析，分離出他血漿中的放射性同位素，這似乎證實了蜘蛛人的說法，還能解釋他在初次接觸蜘蛛後不久就出現的一系列特殊誘突變效果。透過螫肢毒牙（空心且連接到蜘蛛的毒腺）進行的血體液傳播，那隻具有放射性的蜘蛛似乎對蜘蛛人注入了一種DNA突變原，促使他的身體發生變化，並賦予他類似蛛形網動物的能力。蜘蛛毒液裡的放射性酶複合體在蜘蛛人體內循環時，可能會進一步刺激蜘蛛人身體的強化。

蜘蛛人的肌肉組織中具有彈性超乎常人的肌腱，大大增加了他的力量和柔軟度。

強化的力量、速度、敏捷性

跟蛛形綱動物一樣，蜘蛛人能舉起與他身體質量不成比例的重量，最重大概能舉起10噸。如此強大的力量似乎代表著巨大的肌肉和有限的柔軟度（如浩克），但情況並非如此。蜘蛛人的身軀精瘦又敏捷，反應速度比一般人快15倍。這種力量和靈敏的組合一部分可以歸功於透過肌腱和韌帶所連接、密度獨特且層層疊疊的肌肉組織，其彈性是一般人的兩倍多，同時還保有辮纜的張力強度。

蜘蛛人能靠增強的肌肉（尤其是股四頭肌跟大腿後肌）跳出驚人的距離，這種能力類似蛛形綱蠅虎科中的跳蛛。蜘蛛人還擁有令人難以置信的身體協調能力，他每次在曼哈頓的市景中擺盪、轉身及跳躍時都會充分展現這項特質。

跟大家所想像的不一樣，蜘蛛人噴出蜘蛛絲的能力純粹是機械裝置的功能，而不是增強的生理構造特徵。

耐力

即便一場戰鬥持續數小時，蜘蛛人也從不放棄。以他這種經常處於運動狀態的情況，想持續輸出力量，需要把新陳代謝提升至超人類的等級。雖然蜘蛛人的基礎代謝率（在休息狀態下燃燒的卡路里）並沒有特別高，不過當蜘蛛人開始使用他令人驚奇的肌肉時，他的細胞必須格外努力運作，才能把卡路里轉化為動力。蜘蛛人新陳代謝增強的特性也體現於他的傷勢能快速癒合。如果他沒有發展出其他誘突變能量轉換方式，那他每天的熱量消耗一定非常驚人。

蜘蛛人

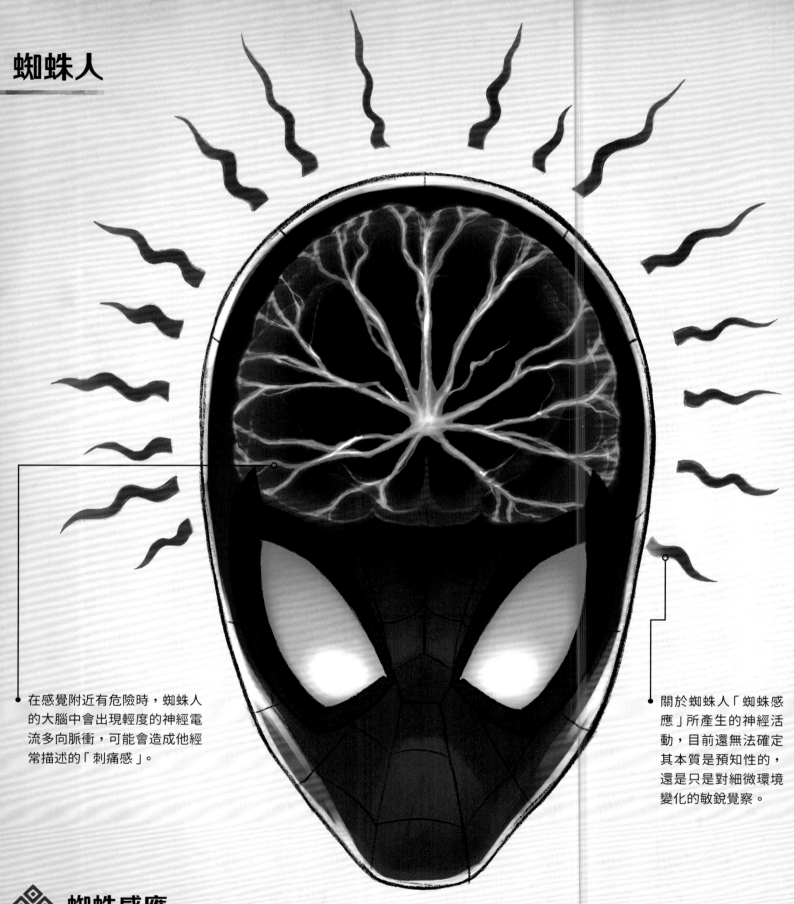

在感覺附近有危險時，蜘蛛人的大腦中會出現輕度的神經電流多向脈衝，可能會造成他經常描述的「刺痛感」。

關於蜘蛛人「蜘蛛感應」所產生的神經活動，目前還無法確定其本質是預知性的，還是只是對細微環境變化的敏銳覺察。

◈ 蜘蛛感應

蜘蛛人最有趣的能力可能是他取名為「蜘蛛感應」的獨特自主反應系統，這個系統賦予他能感應到即將發生危險的超敏銳察覺力。蒼蠅對刺激的反應速度是人類的12倍，而某些種類的蜘蛛也有類似的快速反應能力。就像一隻蟲子能在被人拍扁前的一瞬間安全跳開，蜘蛛人能用這種預警系統避免傷害，他對這種感應的描述是他腦袋裡的「刺痛感」。

這種能力的本質可能跟靈能有關，是一種超感知覺，甚至是預知力，但我認為它更可能是蜘蛛人經過強化的神經系統與反應能力共同運作的副產物。相較於多數超人類，蜘蛛人對環境的感知更敏銳，能在其他人察覺相同的外在刺激前就發現他身邊的干擾。蜘蛛人宣稱他甚至能根據刺痛感強度來判斷威脅的危險程度。

如果蜘蛛人的手跟腳上有毛髮狀的剛毛，就能為他能攀上垂直表面的能力提供身體構造的解釋。

◈ 附著能力

　　蜘蛛藉由在八隻腳上發展出數千個毛髮狀的細小突出物來爬上牆壁和天花板。這些剛毛能在分子層面產生帶電吸引力，讓蜘蛛附著在物體表面。不過即使蜘蛛人穿著服裝，手腳被包覆，他依然能攀附在牆壁上。這可能是因為他的剛毛堅固到能刺穿他的服裝，但蜘蛛人不願接受全面測試來證實。

　　以對立假說來看，蜘蛛人可能有辦法主動控制分子邊界層之間的吸引力。換句話說，他也許能在他身體的生物電光環和鎖定的表面之間建立次原子連結，進而在牆上行走。這個引力場可能會集中在他的手腳，而且肯定非常強大，因為蜘蛛人能在不破壞附著力的情況下另外舉起幾噸的重量。

蜘蛛追蹤器的內部構造

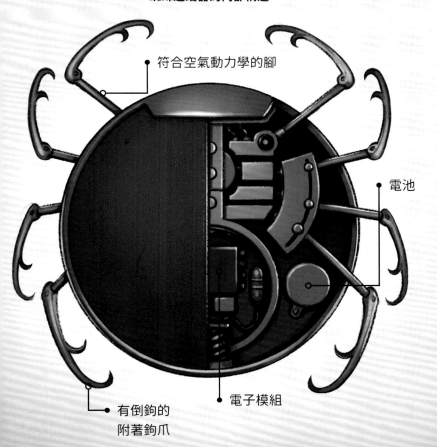

符合空氣動力學的腳

電池

電子模組

有倒鉤的
附著鉤爪

　　◈ 為了追蹤敵人，蜘蛛人會使用一種他稱為「蜘蛛追蹤器」的專屬設備。這種電池供電的小型追蹤裝置會發出與他蜘蛛感應波長相符的無線電波。蜘蛛人基本上就是訊號的接收器，而他越接近訊號源，他蜘蛛感應的招牌刺痛感就越強。這種技術的創新應用讓我好奇這位油嘴滑舌的年輕美國人是否利用他愛說俏皮話的公眾形象來掩飾他了不起的智慧。

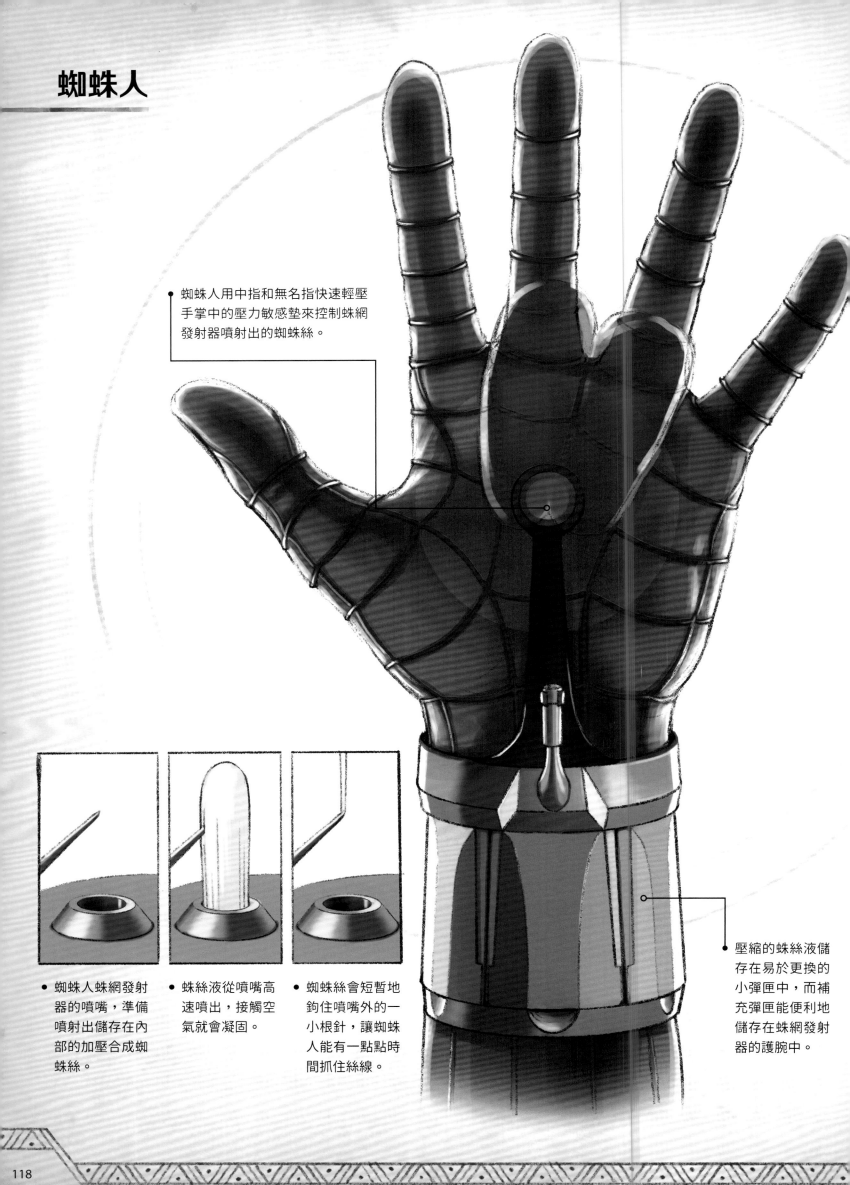

蜘蛛人

蜘蛛人用中指和無名指快速輕壓手掌中的壓力敏感墊來控制蛛網發射器噴射出的蜘蛛絲。

壓縮的蛛絲液儲存在易於更換的小彈匣中,而補充彈匣能便利地儲存在蛛網發射器的護腕中。

- 蜘蛛人蛛網發射器的噴嘴,準備噴射出儲存在內部的加壓合成蜘蛛絲。

- 蛛絲液從噴嘴高速噴出,接觸空氣就會凝固。

- 蜘蛛絲會短暫地鉤住噴嘴外的一小根針,讓蜘蛛人能有一點點時間抓住絲線。

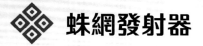

蛛網發射器

　　跟許多人一樣，我曾篤信蜘蛛人招牌的蛛網噴射能力是他的天生生物能力，源自於賦予他所有能力的放射性蜘蛛毒液。畢竟，大多數蜘蛛都能從腹部的絲囊織出強韌的絲線。但根據蜘蛛人私下透露，而且只要對他的蜘蛛絲進行簡單的

分析就能驗證的是，他的蜘蛛絲是由一種類似尼龍的人造無機物所構成。這種蜘蛛絲具有彈性的特質能在張力下伸長和回彈，而且它的抗張強度非常大，不易斷裂。

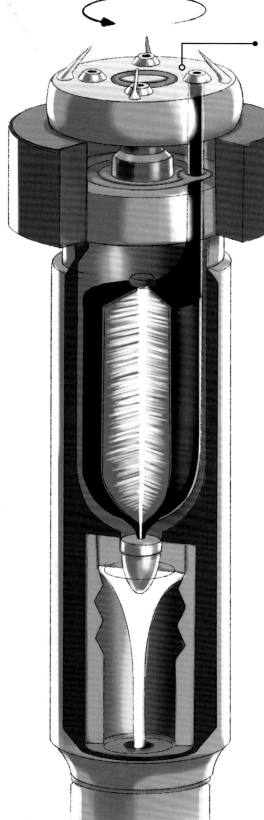

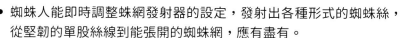

蜘蛛人能即時調整蛛網發射器的設定，發射出各種形式的蜘蛛絲，從堅韌的單股絲線到能張開的蜘蛛網，應有盡有。

　　蜘蛛人的精巧科技裝置令人深感佩服，但他蜘蛛絲的化學成分卻相當簡單（為尊重發明者的意願，在此不便詳述）。壓縮的配方蛛絲液被擠壓過一個狹小的噴嘴，以高速噴射流的形式釋出。接觸到空氣時，蛛絲液中的聚合物鏈會凝固，變成一種柔韌的黏著纖維，伸縮或拉長都不會斷裂。這些蜘蛛絲幾個小時後就會分解，這對紐約市民來說無疑是一大福音，不然他們每天早上都會看到每座摩天大樓懸掛著一堆蜘蛛絲。

評估

　　儘管身形看起來與一般人類男性沒什麼差別，但蜘蛛人的超強力量、驚人的反應速度和一系列強化蜘蛛能力，即使面對最嚴重的威脅也能保有顯著的優勢。這位年輕英雄的身手和他看似聰穎的科學腦袋也許有利於我們對抗史克魯爾人這種狡猾的敵人，而且在這種危急的時刻，我想不到有幾個英雄比蜘蛛人更可靠。

初露鋒芒的蜘蛛人能把
他儲存的生物電以能麻
痺對手的強大爆破形式
釋放而出。

與他的前輩相似,這位蜘蛛人也
具有強化的力量、速度和敏捷性,
還有能爬牆和察覺即將發生危險
的能力。

這位蜘蛛人細胞中的特化細胞器
可能是他其他能力的來源。

光波　　　　　　折射光環　　　　　有適應力的細胞器　　　細胞核

蜘蛛人（第二代）

有些能力與蜘蛛人異常相似的新英雄在近幾年開始嶄露頭角。其中一位年輕英雄使用的名號雖然跟經驗老到的前輩一樣，但他特殊的能力也讓他獨樹一格。與初代蜘蛛人不同，他可以在自己的細胞中儲存生物電能，並鎖定目標發出轟擊。這種他稱為「毒液攻擊」的電擊會藉由刺激目標對象的α運動神經元來擾亂生物神經系統，並向目標的肌肉發送超負荷的電脈衝，導致肌肉快速收縮或麻痺。這種生物能量通常是從他的手導引而出，並透過觸碰目標來施展。這位初露鋒芒的蜘蛛人還能把他儲存的所有能量以多方向的「毒液爆炸」釋放，攻擊周圍的所有目標，不過這招會耗盡他的體力。

這位年輕的蜘蛛人還能用一種看似完全隱形的方式融入周遭環境。我起初假設隱形的效果是來自他服裝蘊含的科技，但在取得他服裝的碎片後，我並沒有偵測到織入服裝中的不穩定分子。因此，我認為這種能力很可能是一種細胞轉變，類似變色龍調整從皮膚反射的光波長來融入環境。當然，這無法解釋他的服裝是如何跟著他一起隱形的，卻進一步增加了另一種可能性，也就是他能用類似隱形女的方法，把光線彎曲成身體周圍的一個折射光環。

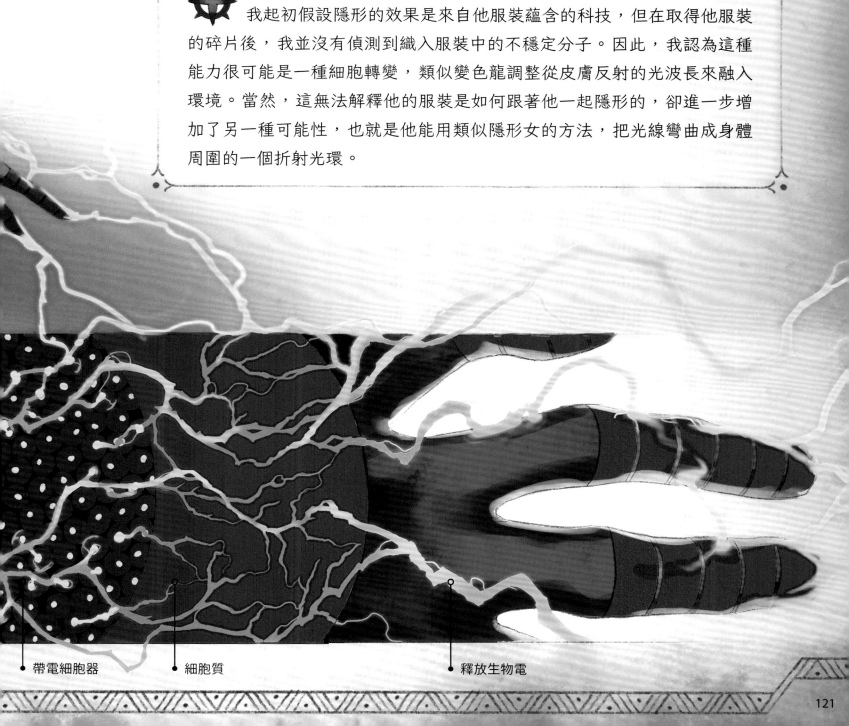

帶電細胞器　　　細胞質　　　釋放生物電

幽靈蜘蛛

擁有類似蜘蛛人的能力，這位自稱「幽靈蜘蛛」的年輕女性被偵測到散發出微量的額外維度能量，這代表她跟她「蛛網戰士團」的同伴一樣，可能都是來自另一個現實。

根據掃描結果，幽靈蜘蛛的服裝類似合成纖維版的共生體。關於這套衣服是如何增強她的力量，還需要進一步研究。

　　幽靈蜘蛛具有令人熟悉的特質，像是強化的力量、驚人的敏捷性，還有類似預知能力的第六感。就像先前提到的蜘蛛人，她的蛛網發射器似乎也是機械裝置。她看似能隨心所欲穿越平行維度的能力，本質上可能是運用了某種科技，也許是超維度微型電路。在穿戴型的科技裝置裡可能嵌入了夠集中的複雜矽積體電路，像是她佩戴的類似手錶的裝置或她隨身攜帶的智慧型手機。

- 幽靈蜘蛛的手腕上戴著一個來歷不明的裝置，這可能是她穿越維度的交通工具。

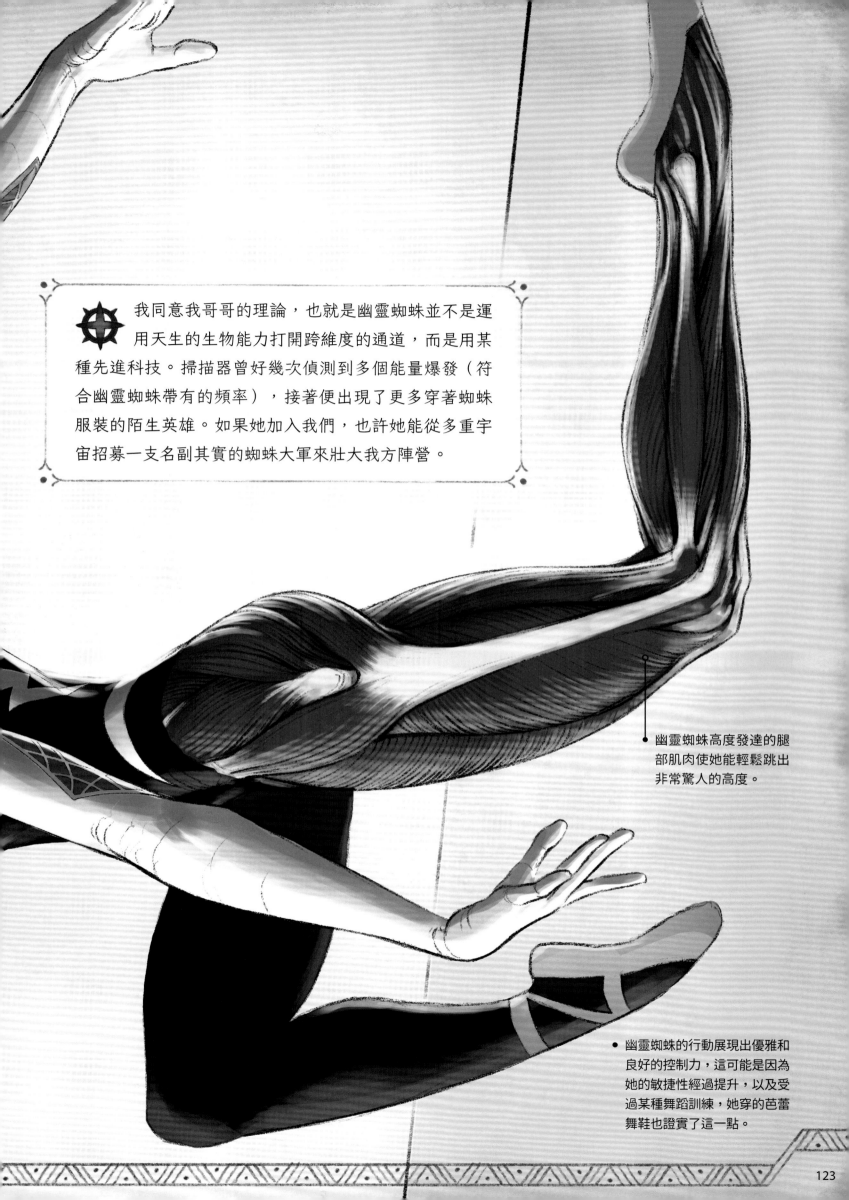

我同意我哥哥的理論，也就是幽靈蜘蛛並不是運用天生的生物能力打開跨維度的通道，而是用某種先進科技。掃描器曾好幾次偵測到多個能量爆發（符合幽靈蜘蛛帶有的頻率），接著便出現了更多穿著蜘蛛服裝的陌生英雄。如果她加入我們，也許她能從多重宇宙招募一支名副其實的蜘蛛大軍來壯大我方陣營。

幽靈蜘蛛高度發達的腿部肌肉使她能輕鬆跳出非常驚人的高度。

幽靈蜘蛛的行動展現出優雅和良好的控制力，這可能是因為她的敏捷性經過提升，以及受過某種舞蹈訓練，她穿的芭蕾舞鞋也證實了這一點。

女蜘蛛人

女蜘蛛人強化的力量、耐力和敏捷性與蜘蛛人不相上下，但她以一種獨特的方式表現出她的爬牆能力，也就是從手跟腳的特化腺體產生具有黏性的生物分泌物。如果符合實情，這就跟蜘蛛人以次原子或剛毛來產生附著力的理論有很大的不同。從她腺體生成的分泌物需要迅速滲透目標物質的孔洞——無論是混凝土板、一堆磚塊或一道木板牆——而且要馬上變乾，在不到一秒的時間內於她的手指、腳趾和物體表面之間形成牢固的抓力。

跟年輕蜘蛛人一樣，女蜘蛛人似乎能在自己的細胞內儲存生物電能，然後用雙手使出毒液爆炸。她確實擁有其他蜘蛛英雄沒有的特殊力量，也就是分泌費洛蒙的能力。這些類似蜜蜂跟螞蟻產出的化學分泌物，會在吸入它的人類體內誘發互動性反應，引起恐懼或是增加吸引力。

女蜘蛛人還展現出在空中滑翔的能力，這種能力在某些蜘蛛中並不是很罕見。透過「乘風飛行」的行為，某些蜘蛛可以利用絲線乘著風和地球的電流，通常能飛行數百哩遠。不過女蜘蛛人的滑翔能力似乎是她服裝中位於手臂下方的可摺疊蛛網翅膀的功能，而不是天生就擁有的生理能力。

女蜘蛛人皮膚下的腺體會分泌強力的費洛蒙，能改變她周遭的人的情緒。

女蜘蛛人的細胞能經由細胞膜同時釋放生物電能，凝聚成強大的電擊。

女蜘蛛人手腳的分泌物會跟物體表面形成快速反應的化學鍵，讓手腳具有黏性。

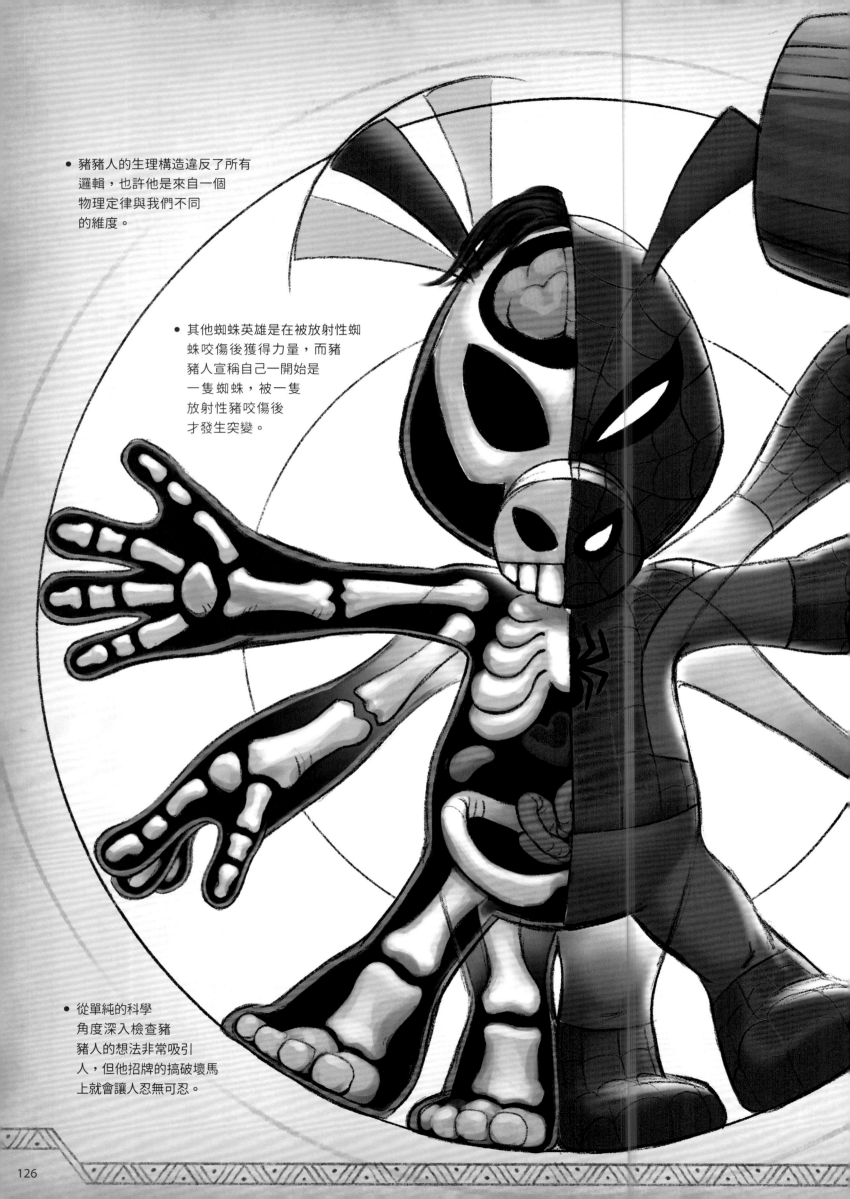

- 豬豬人的生理構造違反了所有邏輯，也許他是來自一個物理定律與我們不同的維度。

- 其他蜘蛛英雄是在被放射性蜘蛛咬傷後獲得力量，而豬豬人宣稱自己一開始是一隻蜘蛛，被一隻放射性豬咬傷後才發生突變。

- 從單純的科學角度深入檢查豬豬人的想法非常吸引人，但他招牌的搞破壞馬上就會讓人忍無可忍。

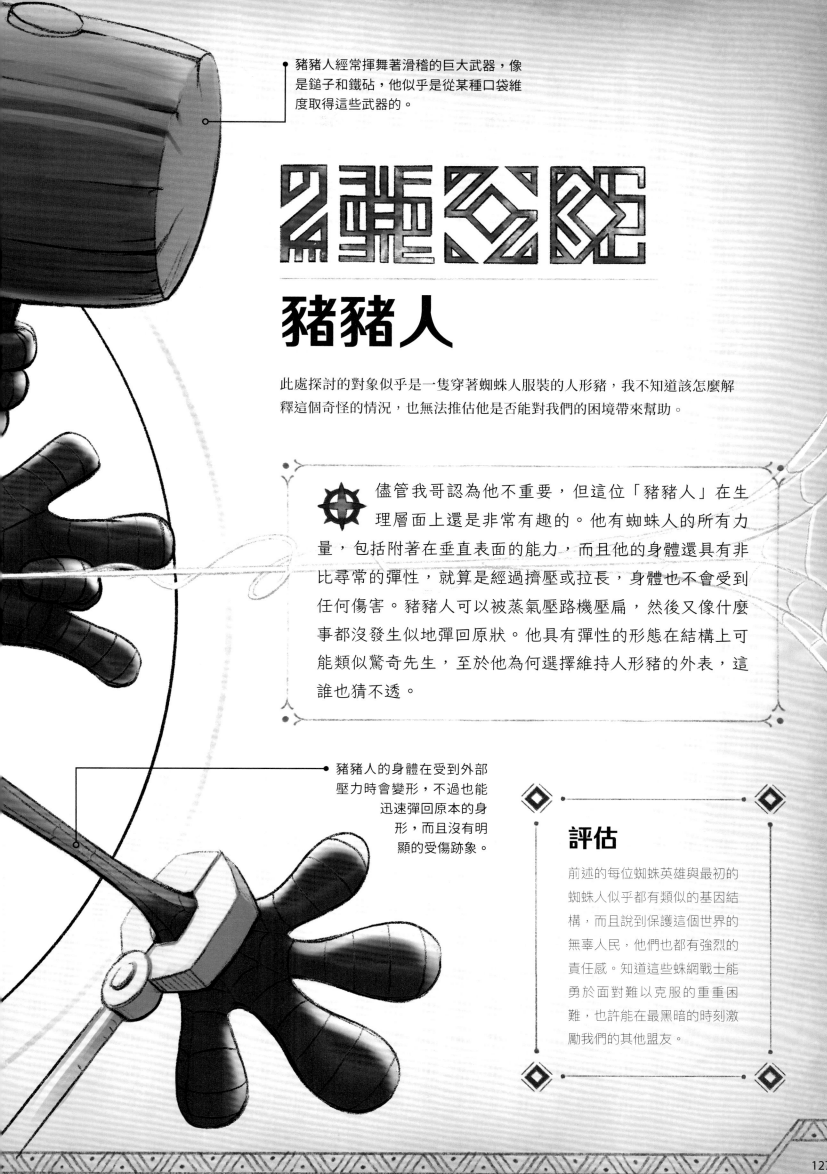

豬豬人經常揮舞著滑稽的巨大武器，像是鎚子和鐵砧，他似乎是從某種口袋維度取得這些武器的。

豬豬人

此處探討的對象似乎是一隻穿著蜘蛛人服裝的人形豬，我不知道該怎麼解釋這個奇怪的情況，也無法推估他是否能對我們的困境帶來幫助。

儘管我哥認為他不重要，但這位「豬豬人」在生理層面上還是非常有趣的。他有蜘蛛人的所有力量，包括附著在垂直表面的能力，而且他的身體還具有非比尋常的彈性，就算是經過擠壓或拉長，身體也不會受到任何傷害。豬豬人可以被蒸氣壓路機壓扁，然後又像什麼事都沒發生似地彈回原狀。他具有彈性的形態在結構上可能類似驚奇先生，至於他為何選擇維持人形豬的外表，這誰也猜不透。

豬豬人的身體在受到外部壓力時會變形，不過也能迅速彈回原本的身形，而且沒有明顯的受傷跡象。

評估

前述的每位蜘蛛英雄與最初的蜘蛛人似乎都有類似的基因結構，而且說到保護這個世界的無辜人民，他們也都有強烈的責任感。知道這些蛛網戰士能勇於面對難以克服的重重困難，也許能在最黑暗的時刻激勵我們的其他盟友。

蜥蜴人

在從軍期間失去了手臂後，柯特·康納斯博士便把他傑出的生物遺傳學知識投入了肢體再生科學，希望能恢復他失去的手臂。出於絕望，康納斯注射了從蜥蜴DNA提取的未測試血清，使手臂重新長了出來，卻意外以爬蟲類的遺傳密碼置換了他的細胞結構。

爬蟲類的外表

進入康納斯博士細胞結構的外來DNA把他變成了一個混合物種。跟浩克不同的是，康納斯目前似乎能控制是否要變成蜥蜴形態，而這個過程會讓他的肌肉組織、真皮和骨骼結構發生劇烈變化。在爬蟲類形態下，蜥蜴人能舉起12噸的重量，最快能以時速45哩的速度奔跑。他強壯的下顎能使出3000psi（磅每平方吋）的咬合力，威力媲美鱷魚。

康納斯經歷的混合過程似乎激發了人類基因組（人類從數百萬年前的爬蟲類祖先演化而來的產物）裡的殘留DNA。藉由運用這些休眠的動物特徵，康納斯的表皮細胞會形成一種小口徑子彈無法穿透的鱗狀皮膚。此外，每根手指和腳趾都長出尖爪，手掌和腳底各長出一根能縮回的一吋長鉤。這些銳利的隆凸能在戰鬥中派上用場，手腳並用的話，蜥蜴人還能爬上垂直的表面。

再生能力

在大自然中，蜥蜴能藉著特化的細胞簇重新長出斷掉的尾巴，這些細胞的功用是讓缺失附肢的特定結構得以再生，像是肌肉、軟骨、脊椎組織和皮膚。這些細胞的分裂和複製是根據銘印的遺傳密碼所進行。康納斯博士的血清原理大致相同，會刺激截肢部位附近的細胞群快速生長。不過在他變回人形後，這些細胞就會進入休眠狀態。因此，縱使博士能在蜥蜴形態重新長出失去的手臂，但在恢復人形時手臂也會馬上消失，抹煞了最初推動他再生研究的成果。

當康納斯變成蜥蜴人時，不是只有身體會經歷變化。隨著小腦被忽略，基底核（人類大腦中的原始爬蟲腦複合區）取而代之時，他的腦神經化學也會徹底重置。這個因素曾限制了蜥蜴人的認知，把他變成兇殘的野獸，但康納斯最近似乎找到一種方法，可以在變身的狀態維持人類智慧。他最近還發展出能跟爬蟲類進行心靈感應的溝通能力，這種技能可能是神經重塑的附帶效果。

● 儘管康納斯博士拼命地想讓手臂再生，但只要他處於人形，他的手臂就不會出現。

- 蜥蜴人在人類和蜥蜴形態之間轉變時，他的大腦會經歷物理和化學增強，解放他野蠻的獸性，並釋放心靈感應的潛能。

- 一旦變身的過程開始，細胞開始複製，康納斯失去的手臂就會在一瞬間恢復完整的功能。

評估

康納斯博士非常聰明，他的生物學技術也許能助我們開發出偵測偽裝的史克魯爾人的新方法。不過當他變成蜥蜴人時，康納斯經常淪為一個野蠻的殺手。因此，他對我們目標的價值被他可能會對盟友造成的風險抵消了。在目前的情況下，我必須把蜥蜴人視為對我方齊心反擊的一個威脅。

松鼠女孩與她的嚙齒動物朋友
的友情是無可否認的,尤其是
她的主要夥伴小腳丫。

松鼠女孩強壯的大腿肌肉增強了
她跳躍和攀爬的能力。

松鼠女孩

雖然有個可愛的稱號，但松鼠女孩擁有強大的身體素質。她形容自己擁有「松鼠和女孩的力量」，而她證明了這個組合不容小覷，其驚人能力的混合特質值得深入研究。

松鼠力量

松鼠女孩有一對大門牙，還有一條從脊柱底部長出的毛茸茸的半捲纏尾。她的指尖是攀爬用的爪子，而且兩隻手的指關節上方都能伸出骨頭尖刺。她能扛起一噸的重量，而她大腿緊密盤繞的股四頭肌使她能從站立姿垂直起跳30呎。柔軟靈活的肌肉組織擴展了關節能旋轉的範圍，而且遠比跟她體型相同的一般人更敏捷。

特殊叫聲

松鼠女孩能發出松鼠的叫聲，直接與松鼠溝通，她能用這項能力呼喚忠誠的松鼠大軍來擊垮敵人。即使是用人類的語言，松鼠似乎也能聽懂她的命令。這可能代表她跟松鼠有更深層的精神連結，也許這種連結的性質更像是心靈感應。松鼠女孩與一隻特定的松鼠「小腳丫」之間有著緊密的情感，也許藉由研究他們的關係，我們能更深入瞭解她的能力。

松鼠女孩為了跟她毛茸茸追隨者溝通所發出的聲音是一般人的聲帶無法發出的。

松鼠女孩的指關節骨頭尖刺能輕易削開木頭，成為可怕的近戰武器。

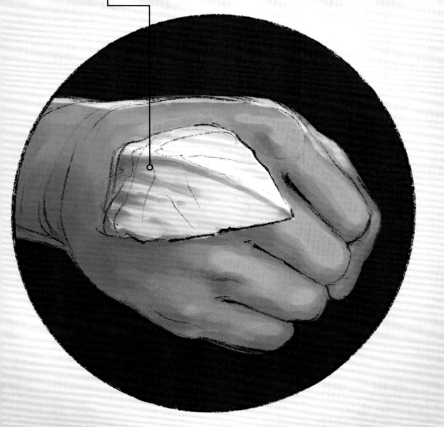

評估

很多人沒把松鼠女孩看在眼裡，但她是少數能勇敢面對行星吞噬者，讓地球能暫時逃過一劫的其中一位英雄。儘管在與敵軍戰鬥時，松鼠女孩的混合生理構造有許多特性能派上用場，但她的行蹤特別難以捉摸。我們只能祈禱她已經踏上了再次拯救世界的道路。

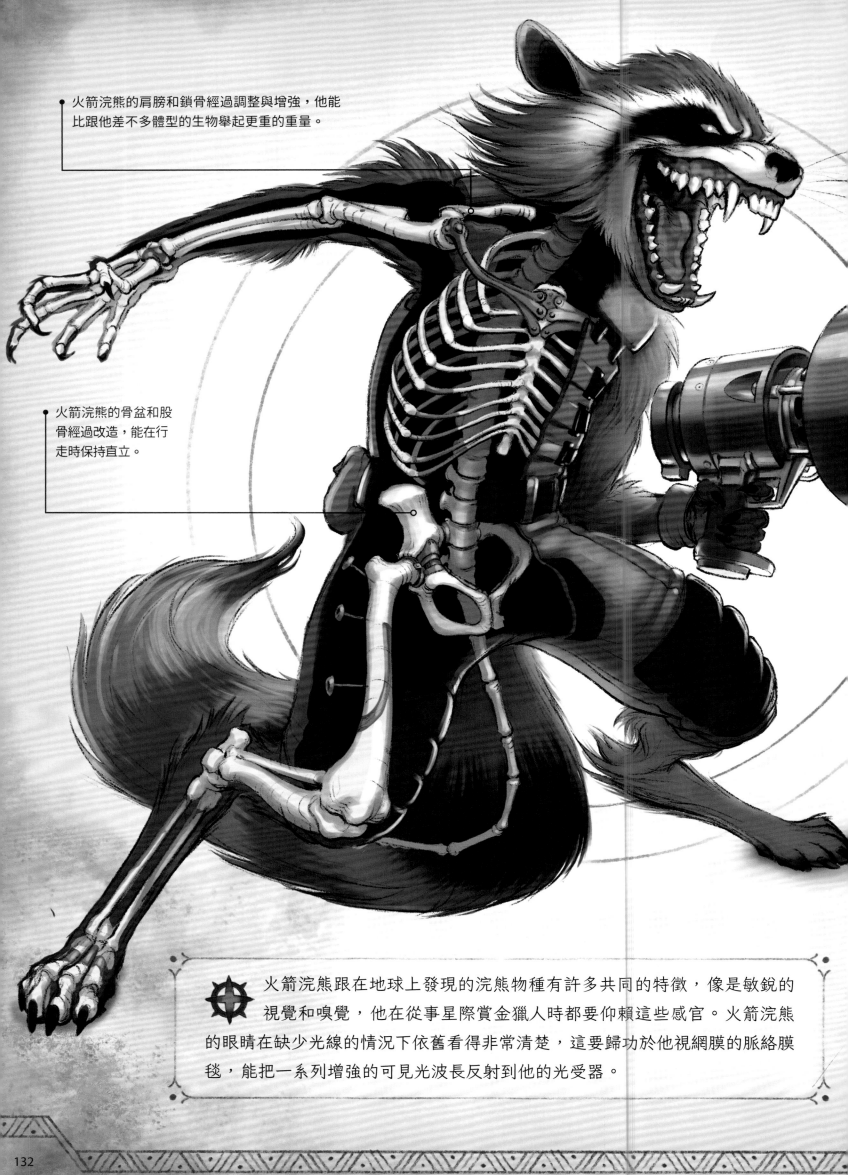

火箭浣熊的肩膀和鎖骨經過調整與增強，他能
比跟他差不多體型的生物舉起更重的重量。

火箭浣熊的骨盆和股
骨經過改造，能在行
走時保持直立。

火箭浣熊跟在地球上發現的浣熊物種有許多共同的特徵，像是敏銳的
視覺和嗅覺，他在從事星際賞金獵人時都要仰賴這些感官。火箭浣熊
的眼睛在缺少光線的情況下依舊看得非常清楚，這要歸功於他視網膜的脈絡膜
毯，能把一系列增強的可見光波長反射到他的光受器。

火箭浣熊

在一般人眼中，星際異攻隊的這名成員可能會被誤認為是出自北美洲森林的浣熊，但火箭浣熊尖酸刻薄的那張嘴很快就能證實他絕對是外星生物。

◈ 強化能力

火箭浣熊的起源可以追溯至楔石象限中的避難星球半界星。火箭浣熊一開始只是個沒有感情的外星生物，跟地球上的普通浣熊非常相似（學名為 *Procyon lotor*）。最初是為了當作寵物而培育的，然後他經歷了一連串實驗，包括痛苦的生物改造，以及為了提升智力和強化身體能力的腦部移植。他因此得到了能說話、直立行走，以及用前爪操縱先進機械裝置的能力。

即便這些實驗讓火箭浣熊發展出有感情的智力，但他似乎擁有跟地球浣熊一樣的生物本能。舉例來說，雖然他跟浣熊一樣具有唾腺，但他有時會在吃東西前用流水把食物弄濕。作為雜食性動物，火箭浣熊偏好類似小龍蝦、蝸牛和兩棲動物的外星生物，但他也能吃鳥蛋，甚至是從垃圾中撿來的殘羹剩飯。

火箭浣熊的手指靈活到足以打造和操縱極為先進的技術設備和武器。

火箭浣熊的頭骨經過人為擴大，騰出空間來進行腦部移植，進而提升他的智力。

火箭浣熊的體型固然嬌小，但他的咬擊非常凶猛，即便他的下顎沒有任何明顯的實體變化。

◈ 評估

除了他動物般的外星生理構造，火箭浣熊的專長是對武器的精通，以及他不擇手段的態度。從事星際賞金獵人許多年來累積的知識和經驗，讓他成為能對抗各種外星敵人的萬能主將。但我最感興趣的是他橫跨銀河系的廣大人脈，關於史克魯爾人針對地球進行的可疑活動，他的人脈也許能提供我們寶貴的情報。

索爾青蛙

索爾曾跟我說過他弟弟洛基把他變成青蛙的故事。根據這位雷霆之神的說法，即使他變成低等的兩棲動物，他依然擁有能揮舞他強大雷神之鎚「妙爾尼爾」的資格。我在那之後遇見了索爾青蛙，這個生物跟索爾故事中的那隻青蛙非常相似——身體只是一隻青蛙，但在其他各方面，牠是一隻「雷霆之蛙」。

索爾青蛙身高只有9公分，體重不超過30公克，牠具有超人類等級的力量和耐久性，還擁有雷神索爾能召喚閃電的能力（儘管是透過一把小得出奇的鎚子）。跟真正的雷神一樣，這隻兩棲動物的化身能揮舞牠的鎚子，在鎚子飛上天空時緊緊抓住它，達成類似飛行的動作。

索爾青蛙到底是真正的青蛙，還是被施了魔法的人類，目前仍不清楚。我認為可能性最高的推論是，索爾確實像他說的被洛基變成一隻青蛙，並在詛咒解除時，他鎚子上具有魔法的烏魯金屬不小心掉了一小塊。如果有隻真正的青蛙碰到了鎚子的碎片，並證明自己具有將其舉起的資格，那麼這隻青蛙可能就會被賦予索爾一小部分的力量。我知道有點牽強，但這是我目前能得出的最佳解釋。

照理來說，索爾青蛙長長的雙腳應該很擅長遠距離跳躍，不過索爾青蛙可能是青蛙中唯一能用腳直立的。

索爾青蛙的手能握住和操作工具，這是多數普通兩棲動物沒有的高等能力。

評估

也許在這個領域或任何其他領域中，沒有任何生物能像索爾青蛙一樣體現「好東西不一定要大」這個概念。這位兩棲類戰士提醒我們不應該以一個人的身材大小來評斷他們的力量。如果這隻「雷霆之蛙」真的具有索爾一小部分的力量，那不論其身高大小，牠都能成為任何軍隊的強大敵手。

霍華鴨

我在冒險的旅程中遇過許多生物，有自然的，也有很奇特的，但很少有生物能像霍華鴨那樣馬上被我徹底鄙視。

　　雖然霍華鴨能像人類一樣說話，但他聲稱自己是來自水禽成為地球優勢種的另一個現實。他的身體類似人形，但是包含了像鴨子的外貌特徵，包括有羽毛的皮膚、有蹼的腳，還有一張永遠講個不停的寬喙。他的外表像鴨子，但掃描顯示他的內臟器官跟人類非常相似。儘管他沒有什麼值得注意的超能力，但他確實宣稱自己是一門「呱夫」武術的專家。霍華鴨經常主張他「被困在一個他從未創造過的世界裡」，但我會很樂意看他回到自己的家。

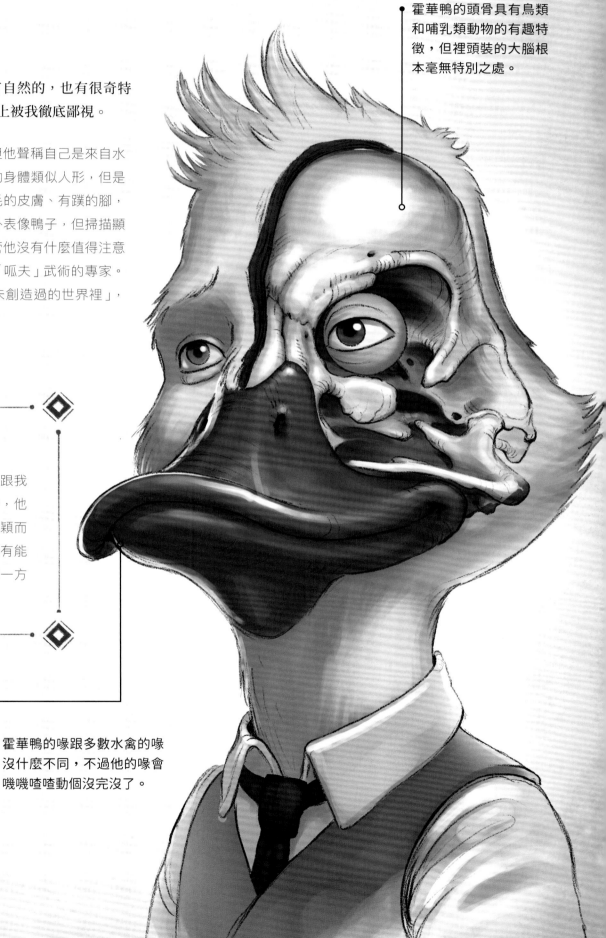

霍華鴨的頭骨具有鳥類和哺乳類動物的有趣特徵，但裡頭裝的大腦根本毫無特別之處。

評估

霍華鴨是個額外維度的異類，跟我們星球上的英雄和惡棍比較時，他毫無疑問能因為出奇平庸而脫穎而出。不用說，我不相信霍華鴨有能力在即將到來的戰爭中為任何一方帶來任何策略優勢。

霍華鴨的喙跟多數水禽的喙沒什麼不同，不過他的喙會嘰嘰喳喳動個沒完沒了。

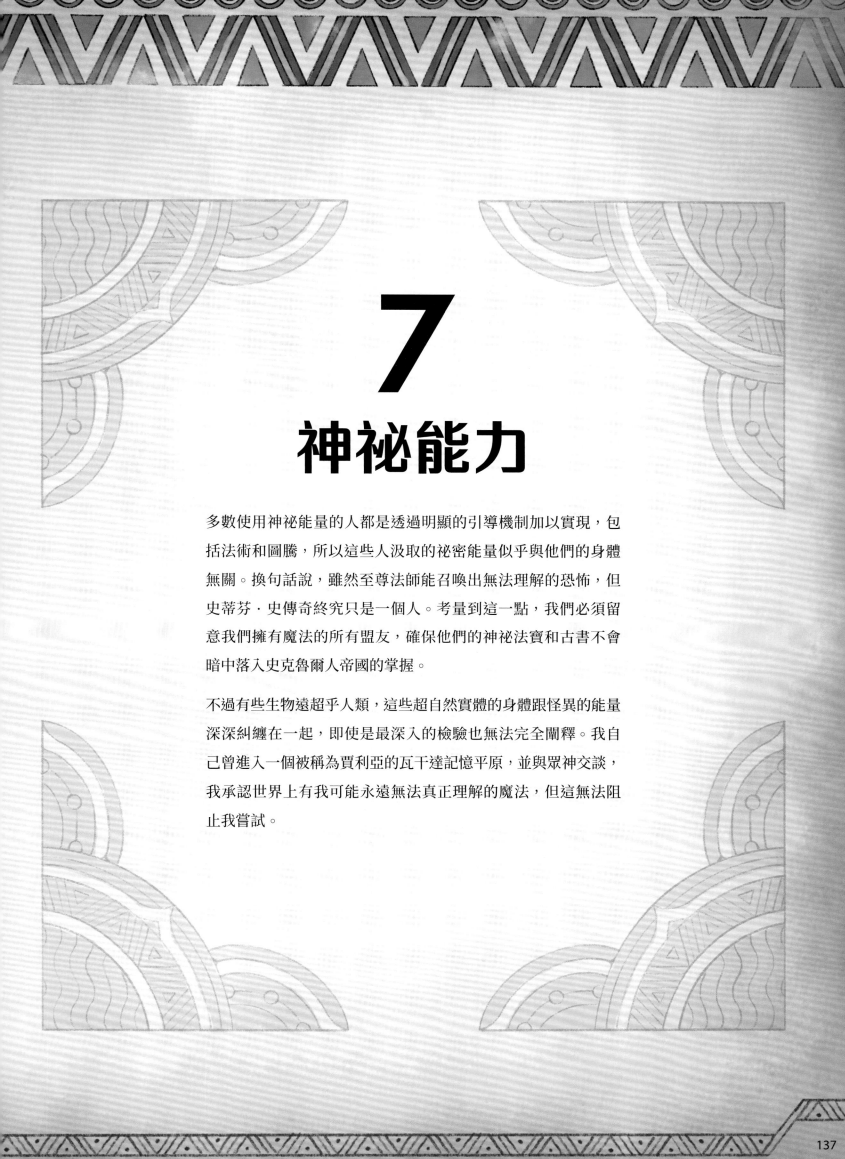

7
神祕能力

多數使用神祕能量的人都是透過明顯的引導機制加以實現，包括法術和圖騰，所以這些人汲取的祕密能量似乎與他們的身體無關。換句話說，雖然至尊法師能召喚出無法理解的恐怖，但史蒂芬·史傳奇終究只是一個人。考量到這一點，我們必須留意我們擁有魔法的所有盟友，確保他們的神祕法寶和古書不會暗中落入史克魯爾人帝國的掌握。

不過有些生物遠超乎人類，這些超自然實體的身體跟怪異的能量深深糾纏在一起，即使是最深入的檢驗也無法完全闡釋。我自己曾進入一個被稱為賈利亞的瓦干達記憶平原，並與眾神交談，我承認世界上有我可能永遠無法真正理解的魔法，但這無法阻止我嘗試。

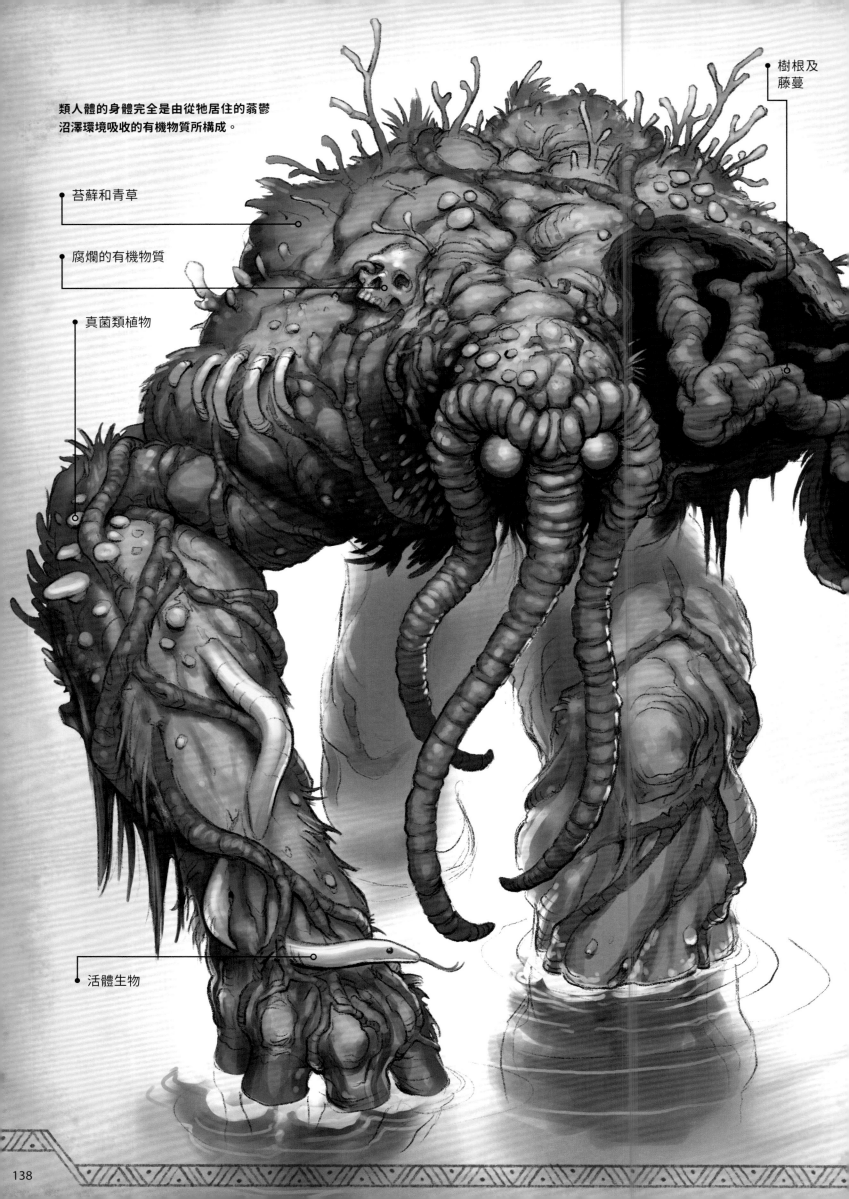

類人體的身體完全是由從牠居住的蓊鬱沼澤環境吸收的有機物質所構成。

樹根及藤蔓

苔蘚和青草

腐爛的有機物質

真菌類植物

活體生物

各式各樣的植物構成了類人體的皮層，包括苔蘚、水藻和真菌。

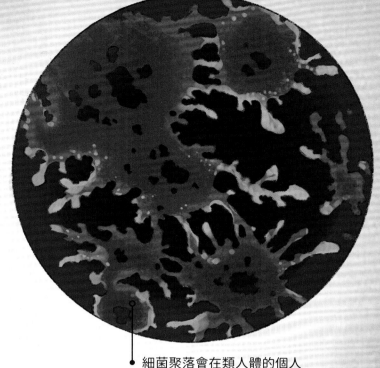

細菌聚落會在類人體的個人生物群系中茁壯成長，消化有機物質，並轉化成牠的能量來源。

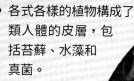

類人體

泰德・薩利斯博士曾是一名人類科學家，因為實驗血清和意外暴露於額外維度能量的雙重效果讓他經歷了某種詭異的突變，類人體因此誕生，成為一個守護不同現實之間神祕門戶的野蠻生命體。人們普遍認為類人體只是個傳說，但那些曾感受過牠灼熱觸碰的人都知道這個生物是真實存在的。

根據從神盾局和美國軍方所獲得的文件，把薩利斯博士變成類人體的血清是根據美國隊長的超級士兵血清製作而成，並加入能使士兵對生物攻擊免疫的配方。當薩利斯意識到血清受試者會有產生極端突變的風險，他便中止實驗，並孤注一擲把剩餘的血清注入自己體內，以防配方落入跟邪惡超智機構一夥的惡徒手中。這起鋌而走險的逃亡行動因為他在佛羅里達州的沼澤發生車禍而中斷，事故地點就在被稱作「所有現實的樞紐」的維度交叉口附近。自連結紐帶注入的額外維度神祕力量提供了一個無法預料的因素，可能加速了創造出類人體的突變過程。

粗大的藤蔓和樹根在類人體巨大的身體內發揮類似骨骼結構的功用。

類人體

薩利斯博士殘存的人腦組織對情緒刺激依然有很強烈的反應，尤其是恐懼。

 ## 以植物為基礎的生理構造

　　類人體看似具有人形，但牠的有機組織完全是由從周遭吸收的植物所構成，並組成雙足生物的形狀。其真皮是由雜草、苔蘚和藻類組成，牠的體格是由粗大的藤蔓和樹根組成的假骨骼結構支撐。類人體的「臉」包含了兩顆沒有眼瞼的凹陷雙眼，底下是一團雜亂糾纏的樹根。

　　由於沒有嘴巴，類人體是透過體內的有機細菌聚落來攝取營養。當類人體吸收的植物被細菌消化成肥料時，會產生能量和二氧化碳，為類人體的生物系統提供能量，並在過程中產生無所不在的腐臭味。

　　類人體的動作緩慢又不穩，但牠卻出乎意料地強壯。牠濃密的植被能吸收衝擊力和槍砲子彈；如果受到重傷，類人體可以從周遭的沼澤吸收有機物質來修復身體。如果類人體離開沼澤環境太久，牠就會進入休眠狀態，最終會導致所有生物功能終止，然後死亡。

當類人體碰上強烈的同理反應時，訊號會從他殘餘的神經系統傳播，觸發身體反應。

類人體手上的腺體會分泌具有高度腐蝕性的物質，從牠手上的氣孔排出。

 ## 同理心

　　儘管智力低下，但類人體似乎非常容易受到周遭其他生物情緒刺激的影響。如果這些情緒很劇烈，或是具有攻擊性，類人體就會感受到身體的疼痛，接著會朝感受到情緒的來源發動猛攻。我因此推論，薩利斯的某些腦部組織在類人體的植物身體中可能依然保有功能性，很可能是負責同理反應的緣上迴右半球。雖然沒有證據能支持類人體擁有長期記憶，但這個生物似乎確實能回想起以往互動的情緒印象。

 ## 灼熱的觸碰

　　雖然類人體對牠遇見的人的情緒具有敏銳的同理心，但牠似乎對恐懼特別敏感。感受到他人的恐懼時，類人體通常會被激怒，分泌出一種成分類似硫酸的有機物質。這種腐蝕性化學物質會從牠手上的毛孔釋出，灼傷人體皮膚，甚至會引發全身燃燒，把目標燒成灰燼。

小類人體是一個獨立的生命體，是從類人體的植物物質中誕生的。

小類人體的生物質能變成一個活體裝甲殼，包覆在牠的夥伴身上。

硬化尖刺是小類人體的有機物質反射性生成的一種防禦機制。

◈ 小類人體

復仇者聯盟最近解放了一個小生物，牠很明顯是從類人體身上剪下來的物質生長而成。這個生物複製體被稱為小類人體，具有與其前身類似的同理和傳送能力，但牠的獨特能力是使身體變形，形成一個植物裝甲殼，用來包覆和保護夥伴。小類人體還能用構成牠身形的植物做出木樁之類的武器。

◈ 跨維度傳送

自從薩利斯變成類人體，牠便一直擔任「所有現實的樞紐」的守護者，並從中獲得力量。據推測，暴露在這個許多維度間的神祕會合處讓類人體得到密法力量——包括能召喚跨現實門戶的能力，牠會用這個能力來進行遠距傳送。

◈ 評估

我希望能說服類人體加入我們對抗史克魯爾人的統一戰線。牠的遠距傳送能力能對敵軍進行戰略控制，但類人體依然神出鬼沒，住在數百平方哩的紅樹林沼澤地裡，所以徵召牠的可能性應該是微乎其微。

惡靈戰警

復仇這個概念跟人類的歷史同樣悠久,如果傳說是真的,那復仇之靈——常被稱為惡靈戰警——在超過一百萬年前就出現了。復仇之靈自出現後選擇了許多宿主,但它的目的從來沒變過,就是懲罰那些傷害無辜的人。

◆ 骨骼構造

復仇之靈是會寄宿在凡人宿主身上的神祕力量,當它控制宿主的身體時,變身的過程會是迅速且怪誕的,宿主的皮膚會噴發出來自地獄額外維度領域的火焰。這種地獄之火會把宿主的肉體迅速燒光,露出底下蒼白的骨骼。

變身後不會留下任何韌帶或肌肉組織,但被火焰包覆的骨骼具有結構完整性。其實惡靈戰警的耐久性遠遠勝過一堆白骨,經歷恐怖的車輛碰撞也能毫髮無傷。圍繞著惡靈戰警的惡魔火焰似乎能在短短幾秒內創造出一層又一層新的成骨細胞和骨細胞,讓皮質骨持續再生。

地獄之火在惡靈戰警胸腔骨骼內的骨髓腔燃燒。

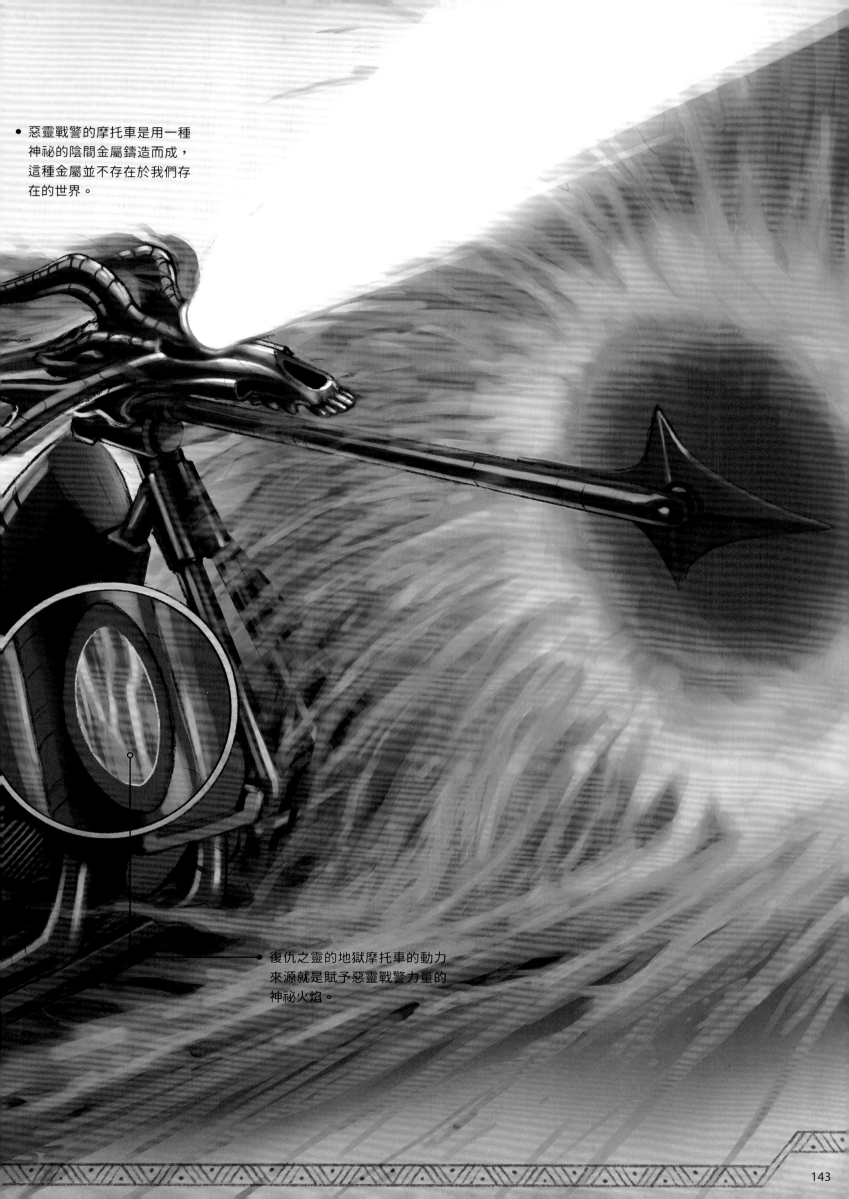

● 惡靈戰警的摩托車是用一種
神祕的陰間金屬鑄造而成，
這種金屬並不存在於我們存
在的世界。

復仇之靈的地獄摩托車的動力
來源就是賦予惡靈戰警力量的
神祕火焰。

惡靈戰警

操控地獄之火

賦予惡靈戰警骨骼超自然凝聚力的地獄之火光環也能用來當作攻擊手段。這些火焰不只能燒灼目標，似乎還有能影響心理狀態的特性，強烈侵蝕著被燒灼者的精神狀態，所以才會有惡靈戰警的觸碰能把罪人的靈魂燃燒殆盡的傳說。藉由從陰間汲取額外的地獄之火（這個能力有時被稱為「地獄控火」），惡靈戰警可以從手、眼窩和張大的下顎噴出柱狀火焰。惡靈戰警還具有只利用地獄之火就能塑造出障壁或刀劍等形狀的能力，不過他需要非常專注才能維持結構的完整性。

懺悔之眼

據說被迫注視惡靈戰警空洞雙眼的敵人，會在難以忍受的一瞬間重新經歷他們這輩子遭受過的每一分痛苦。這種折磨會讓某些人陷入反應遲鈍的僵直狀態，這是因為創傷記憶重新浮現，超出大腦能處理的極限，對海馬迴和杏仁核造成巨大的壓力所致。懺悔之眼對惡魔或機器人沒有顯著的效果，這個奇怪的情況可能是因為目標沒有靈魂。不過，我的假設是惡靈戰警的能力本質可能是心靈感應，可能只對對於地獄之火不具有天然免疫力且有感情的有機生命體有效。

復仇之靈開始控制其宿主。

地獄之火從宿主體內噴發而出。

火熱的高溫在一瞬間熔解所有有機組織。

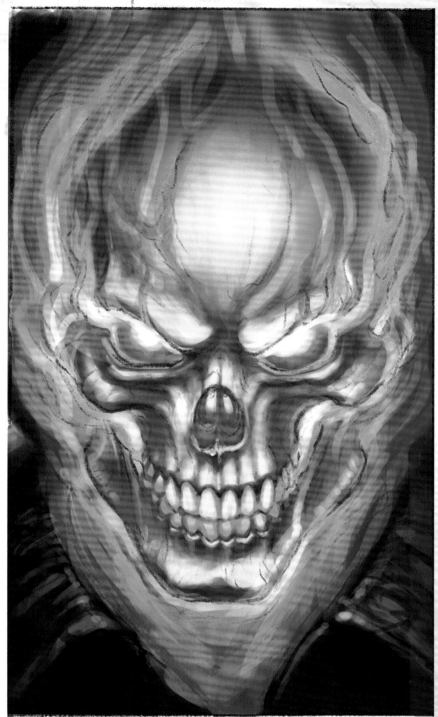

惡靈戰警燃燒的骷髏頭顯現而出。

載具掌控能力

　　每個繼任的惡靈戰警都會跟他們選擇的載具產生共生的連結。對於或許是當代最有名的惡靈戰警強尼·布雷茲來說，這個載具是一輛燃燒的摩托車，以來自陰間的材料打造而成。這輛地獄摩托車的輪胎被地獄之火的火焰包覆，能在水面騎行，還能攀上摩天大樓。布雷茲跟摩托車之間有一股強烈的心靈感應連結，使他能從很遠的距離召喚摩托車，進行遠端操控。而且類似他自己的骨骼身軀，藉由審慎地注入地獄之火，就能修復地獄摩托車。

　　最新一代的惡靈戰警復仇者為羅比·雷耶斯，駕駛著他稱為「地獄戰馬」的經典美式肌肉車，而他也展現出能任意操控其他載具的有趣能力，包括阿斯嘉戰艦和宇宙天神族的身體。

評估

　　在任何涉及無辜生命犧牲的衝突中，惡靈戰警都是珍貴的盟友。在我們世界造成大規模死傷的外星入侵軍隊將為復仇之靈帶來源源不絕的靈魂，值得受到他懲罰。雖然他灼熱的瞪視可能會讓無數史克魯爾人屈服，但惡靈戰警操控載具的能力也許能提供一個難得的機會，使史克魯爾人的艦隊轉而對抗他們自己。因此，在我們即將碰上的考驗中，惡靈戰警會是不可或缺的盟友。

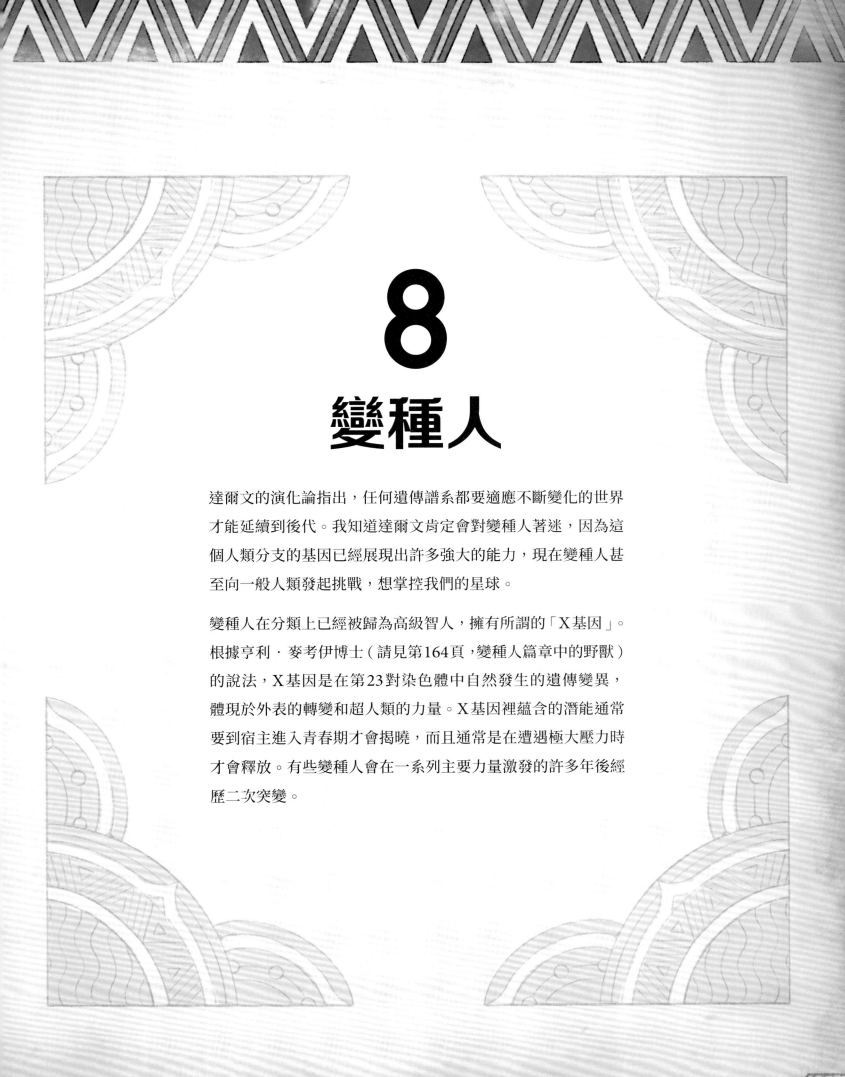

8
變種人

達爾文的演化論指出，任何遺傳譜系都要適應不斷變化的世界才能延續到後代。我知道達爾文肯定會對變種人著迷，因為這個人類分支的基因已經展現出許多強大的能力，現在變種人甚至向一般人類發起挑戰，想掌控我們的星球。

變種人在分類上已經被歸為高級智人，擁有所謂的「X基因」。根據亨利·麥考伊博士（請見第164頁，變種人篇章中的野獸）的說法，X基因是在第23對染色體中自然發生的遺傳變異，體現於外表的轉變和超人類的力量。X基因裡蘊含的潛能通常要到宿主進入青春期才會揭曉，而且通常是在遭遇極大壓力時才會釋放。有些變種人會在一系列主要力量激發的許多年後經歷二次突變。

獨眼龍

這位稱為獨眼龍的變種人領袖擁有從眼睛發出震盪光束的毀滅性能力，但我更擔心的是他不惜一切代價也要保障變種人生存的決心。我曾與獨眼龍並肩作戰抵禦某些災難，但近年來，他毀滅性的目光也慢慢轉向了人類。

震盪能量會在獨眼龍眼睛的玻璃體內折射和放大，然後以集中的光束從瞳孔釋放。

 眼睛光束

從獨眼龍眼睛發射出的破壞性光束類似有時會被歸類為死光或熱視線的現象，導致一些研究人員猜測這種光束可能是雷射或熱能。但我能很有自信地說，它完全是由震盪力構成的光束。獨眼龍使出全力的光束可以在近距離射穿一吋厚的鋼板，而且最遠能達到兩公里（威力會與距離成比例減弱）。

獨眼龍的顱腔內是如何產生這種力量，又不會摧毀他的顱骨物質呢？我考慮過的一個理論是獨眼龍的眼睛能充當小型的維度門戶，可瞬間連接到充滿震盪能量的另一個現實。在他的眼睛裡，視回射器的存在——類似夜行性哺乳動物用來放大光線的反射結構——也許可以透過有放大效果的組織（可能是用於強化雷射的光學晶體）使永遠存在的震盪能量持續循環，直到獨眼龍把能量壓縮成光束射出。無可否認的是，震盪力的持續反射可能會造成內部創傷或喪失知覺方向，但他也許還有我沒察覺到的生物防護措施。

當獨眼龍睜開眼睛時，他的震盪光束會源源不絕且無差別地射出。他把無法停止他變種能力的情況歸咎於孩童

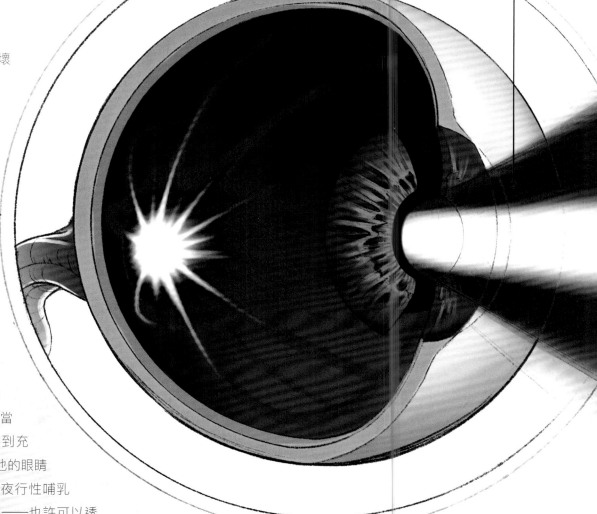

時期的頭部創傷。

只有佩戴特製的護目鏡，他才能控制震盪光束的釋放。他的護目鏡使用了以紅石英製成的透鏡，這種材料似乎能把持續產生的震盪力妥善限制在獨眼龍的眼球到護目鏡鏡片內的空間裡。

只需輕輕一碰,獨眼龍就能打開面罩上的紅石英透鏡,射出純粹能量構成的集中光束。

獨眼龍多年來穿過許多不同的服裝,但唯一不變的便是他招牌的紅石英護目鏡,這能避免他在睜開眼睛時毀掉目光所及的一切。

獨眼龍

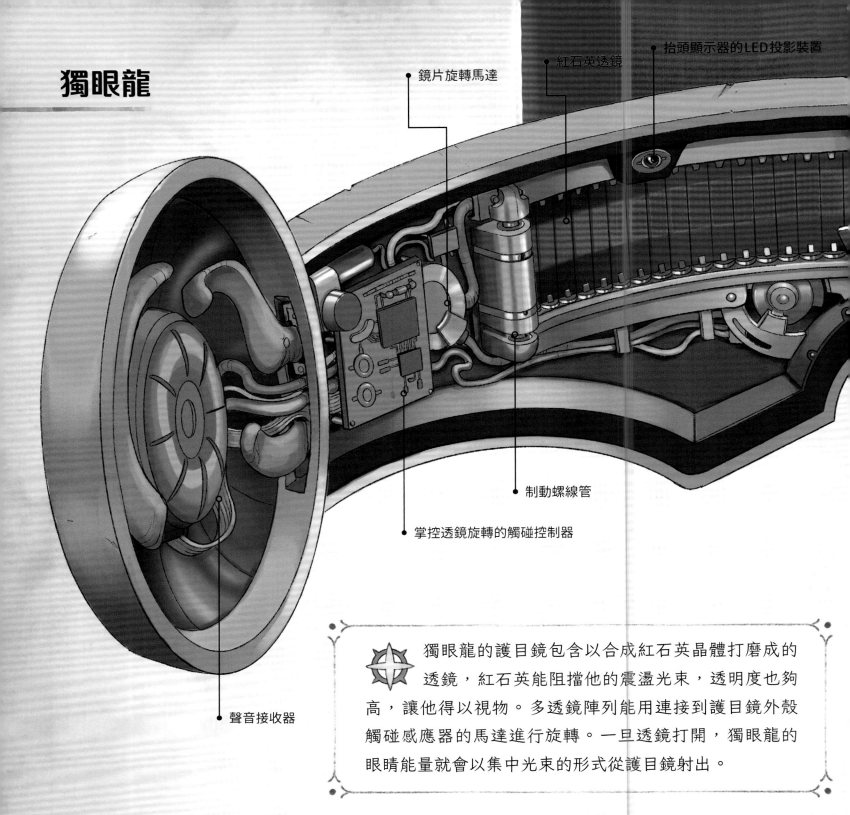

鏡片旋轉馬達

紅石英透鏡

抬頭顯示器的LED投影裝置

制動螺線管

掌控透鏡旋轉的觸碰控制器

聲音接收器

獨眼龍的護目鏡包含以合成紅石英晶體打磨成的透鏡，紅石英能阻擋他的震盪光束，透明度也夠高，讓他得以視物。多透鏡陣列能用連接到護目鏡外殼觸碰感應器的馬達進行旋轉。一旦透鏡打開，獨眼龍的眼睛能量就會以集中光束的形式從護目鏡射出。

◈ 靈能場

由於某種未知的原因，獨眼龍對他眼睛光束的破壞力免疫。如果不是這樣的話，他的眼皮就會被他釋放的能量摧毀。由於我曾親眼目睹獨眼龍被其他人的衝擊性攻擊打傷，我得出的結論是他的免疫力非常特殊，而且本質上可能是遺傳性的，只對他生物系統產生的眼睛光束所包含的各種載力粒子有效。

測量靈能活動的掃描顯示，獨眼龍可能會下意識製造出一個連續不斷的低強度靈能護盾。這個能量屏障能適應他的眼睛光束，保護他的身體不受到任何粒子層面的傷害。有趣的是，他護目鏡使用的紅石英似乎能以同樣的靈能頻率產生共振，所以紅石英透鏡其實不是比獨眼龍的眼睛光束更強，而是它能跟獨眼龍的自然防禦機制同步啟動。跟他個人遺傳密碼有關的潛意識保護場也能解釋獨眼龍為何對他兄弟衝擊波所發出的電漿衝擊免疫。

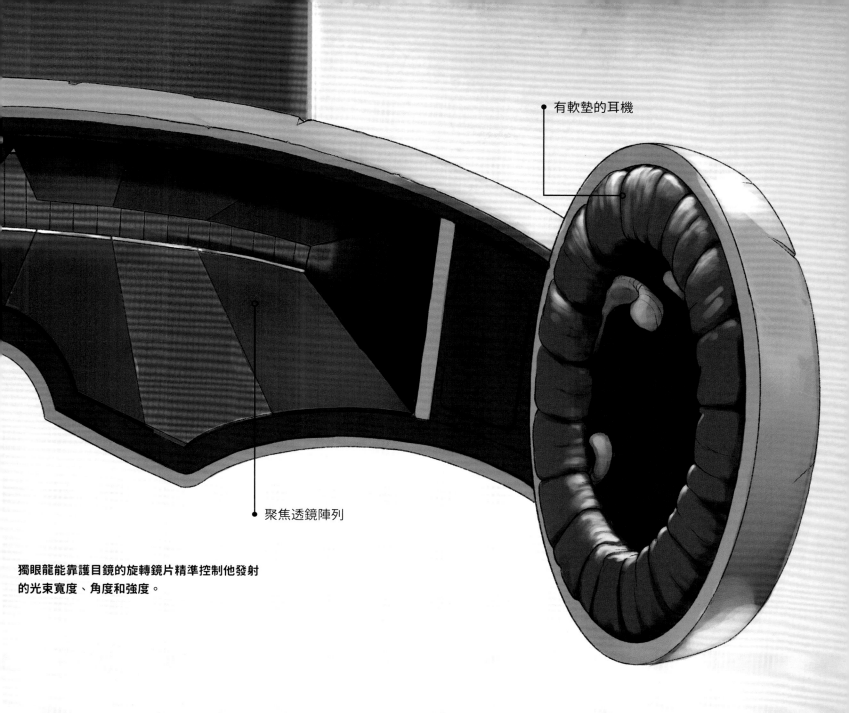

有軟墊的耳機

聚焦透鏡陣列

獨眼龍能靠護目鏡的旋轉鏡片精準控制他發射的光束寬度、角度和強度。

能量吸收

由於獨眼龍的護目鏡能在沒有任何負面影響的情況下把他自己的光束反射回眼睛,因此他的細胞結構似乎能吸收能量。如果除了他身體隱含的震盪爆破能量,他還能吸收更多形式的能量的話,這可能意味著獨眼龍能吸收環境光和輻射,用來提升他的眼睛力量。或是這些儲存的能量能直接轉化成震盪力,甚至能用來維持獨眼龍跟可能是他力量來源的口袋維度的連結。有鑑於他的眼睛和相關神經連結都處於持續緊繃的狀態,這些能量或許能幫忙驅動支持這些部位所需的複雜生理機能。

評估

獨眼龍是地球上最強大、最有影響力的其中一位變種人,具有領導X戰警和其他變種人團隊許多年的經驗。如果我們能確認他的身分,並招募他加入我軍陣線,變種人族群可能會以他馬首是瞻。雖說變種人和人類的關係在近幾年火藥味越來越濃,但史克魯爾人這個級別的威脅可能需要種族間的結盟。站在同一陣線是防止我們被征服,甚至可能是防止人類與變種人都被滅絕的最佳機會。

琴・葛雷對靈能粒子行精神控制的假想模型

- **A.** 沒有互動
- **B.** 心靈連結
- **C.** 心靈感應攻擊
- **D.** 精神控制
- **E.** 思想鏡射

琴・葛雷

查爾斯・賽維爾教授是位傑出的心靈能力者，他將一生奉獻於訓練和教育跟他一樣的變種人。由變種人組成的X戰警團隊成立初期，琴・葛雷是賽維爾教授的一位明星學生。琴展現出一系列精神力天賦，包括心靈感應和心靈傳動，顯示她是世上最強大的一位變種人。但是當琴與稱作「鳳凰之力」的宇宙實體產生連結時，她的力量便提升至無法估量的強大。鳳凰之力是一種由純粹靈能構成的外星實體，能行宇宙層級的創造與破壞。

心靈感應

　　琴・葛雷的精神力量沒有明確的上限，她把自己無可匹敵的心靈感應能力當作第一道防線。她最常使用這種能力來探索和影響他人的思想，方法包括讀心、建立心靈連結、誘發短暫的癱瘓或睡眠、投射自己的思想、產生幻覺等等。琴的能力據信是與腦細胞的個別突變有關，最有可能發生在海馬旁迴──此為常與超感官能力有關的大腦灰質區域。

　　在近距離的情況下，琴能影響無限數量的思想，但能影響的人數會隨距離增加而下降。她也能完全控制一個人的腦袋，但一定要在那個人的面前才能做到，而且這個能力一次只能對一個人使用。值得注意的是，她的心靈感應能力第一次出現時，威力強大到賽維爾教授不得不在琴的腦中創造出心靈屏障，把她的這股力量完全壓制住。

　　人們對於施行心靈感應的機制一直爭論不休，但我支持的假設是，琴能察覺其他生物的神經路徑釋放的若有似無的微中子──由於這些無質量粒子難以察覺的特性，這種現象幾乎不可能用傳統方式偵測到。如果真的是這樣，有可能是琴與這些粒子無意識的連結讓她能讀心、創造幻覺等等。

同理心能力

　　與她的心靈感應能力截然不同，琴・葛雷的同理心能力能影響他人的情感，並看穿周圍的人的情緒。琴似乎能巧妙地操控目標大腦中的化學反應，進而激發她想要的情緒。因此她能引起深度的平靜，或是引發使人動彈不得的恐懼。她甚至以迫使敵人重溫他們的罪行聞名，這表示除了操控神經化學之外，她還能同時進行心靈感應和記憶提取。

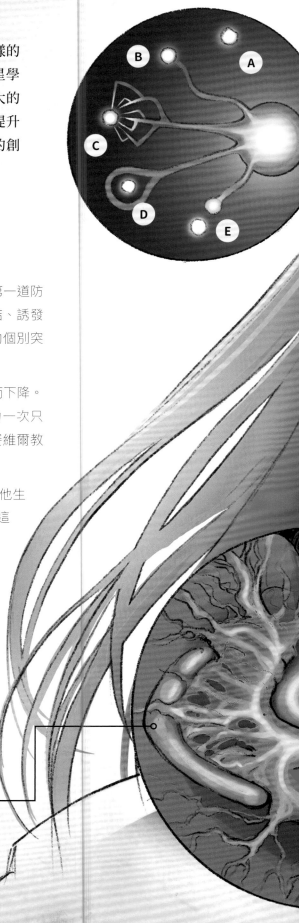

查爾斯・賽維爾在琴的腦中創造出強大的心靈屏障，不讓她把精神力發揮到極限。

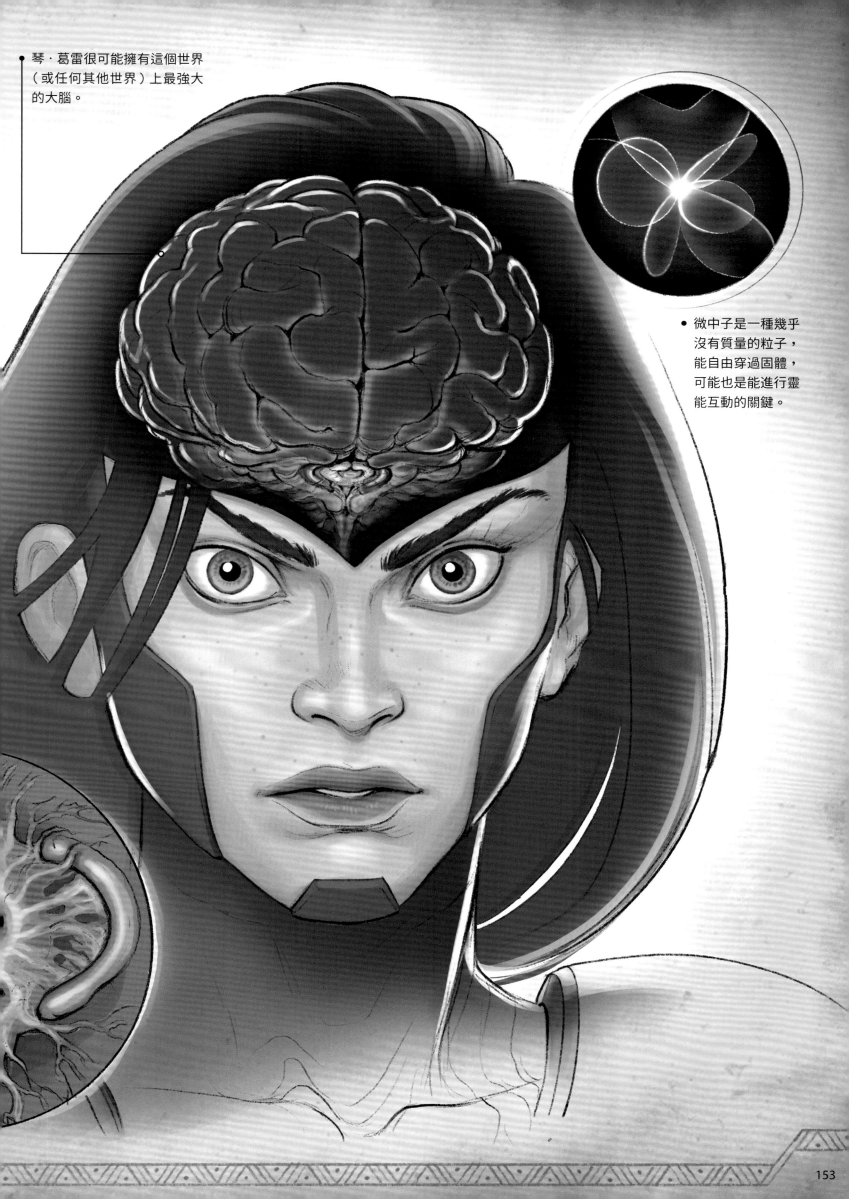

琴·葛雷很可能擁有這個世界（或任何其他世界）上最強大的大腦。

微中子是一種幾乎沒有質量的粒子，能自由穿過固體，可能也是能進行靈能互動的關鍵。

鳳凰之力

　　當琴與鳳凰之力融為一體時，這個古老的宇宙力量把她天生的能力擴展了好幾倍。沒人能確定鳳凰之力釋放的能量性質和極限，但琴似乎能以心靈傳動能力從原子層面上操縱物體，製造出幾乎無限的廣闊能量譜。她甚至具有能把身體轉化為純能量的能力，就算前往太空深處也不會有任何副作用。

　　與鳳凰之力產生連結時，人類宿主會被火鳥形狀的宇宙火焰光環包圍。對瓦干達的居民來說，鳳凰的身影會永遠烙印在我們的記憶裡。「潛水人」納摩（請見第 212 頁的介紹）被賦予鳳凰之力一小部分的力量，就能使我們整個國家幾乎被淹沒。自那時起，瓦干達便開發出用來偵測鳳凰之力獨特能量特徵的預警系統，還有理論上能抑制其宇宙火焰的武器。鳳凰之力會一再出現，但瓦干達會在它到來時做好準備。

• 使用鳳凰之力時，宿主通常會被火鳥形狀的天外火焰光環包覆。

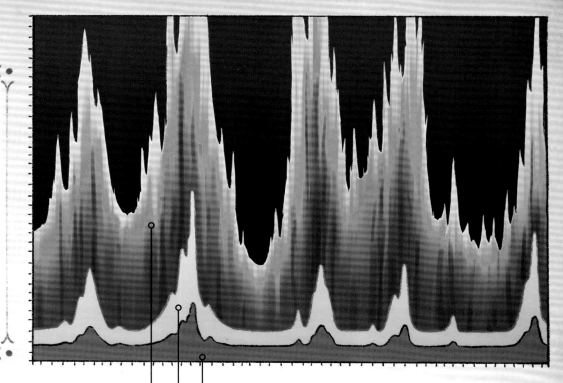

琴·葛雷能使用特製的心靈科技裝置拓展她力量的擴及範圍。這個裝置為腦波增幅器，是查爾斯·賽維爾設計用來找出全世界變種人的科技。當琴使用腦波增幅器時，她幾乎能影響地球上任何人的精神。

琴·葛雷的心靈活動在不同狀態下的掃描結果比對

正常的心靈活動

使用腦波增幅器進行增強

連接鳳凰之力

心靈傳動

身為一名X戰警，琴·葛雷花了許多年磨練她的心靈傳動能力。所有生物體在大腦功能自然運作下都會產生低強度的靈能，但琴異常強大的靈能使某些人推測她一定有從無限的額外維度靈能來源汲取能量。

琴能投射出一種精神靈能光環，這是一種經過證明的認知作用，讓靈能者能運用精神命令在現實世界取得實體成果。由於古典物理法則指出人類的認知無法直接影響實體物質，所以超人類的研究人員長久以來都假設有第五種作用力存在（除了引力、電磁力、強核力和弱核力以外）。這能讓心靈傳動超過其他四種力的影響，達到影響實物的效果。這個第五種作用力的來源可能是額外維度，但天賦異稟的個體也許能利用它的效果。

琴能把物體或人包覆在她的靈能光環中，並用心靈傳動力舉起，使其飄浮在空中。她還能用這種能力在空中移動，營造出飛行的感覺。除此之外，琴還可以把她的靈能變硬，形成護盾或震盪衝擊。

• 舉起如巨石等重物時，琴會把目標物包覆在靈能光環中，毫不費力地在空中移動。

評估

光是琴·葛雷的所有靈能技能就讓她擁有多數普通人完全無法衡量的力量。如果她能與鳳凰之力融為一體，進一步提升這些力量，那我們幾乎肯定能戰勝史克魯爾人。話雖如此，我曾親眼見證鳳凰的怒火，而我必須承認，即使是像琴·葛雷這樣技藝高超的變種人，我也懷疑她是否能長時間控制住如此強大的力量。

冰人

冰人可以操控熱能，隨心所欲地變出零下溫度的領域，進而製造出大量固態冰、把身體變成冰凍狀態，甚至能產生冰凍分身。在他加入Ｘ戰警初期，不把冰人單純的冰雪能力看在眼裡的對手經常忽視他，但隨著他年紀增長，他也發展出一系列更厲害的能力，證明他是這個星球上數一數二強大的變種人。

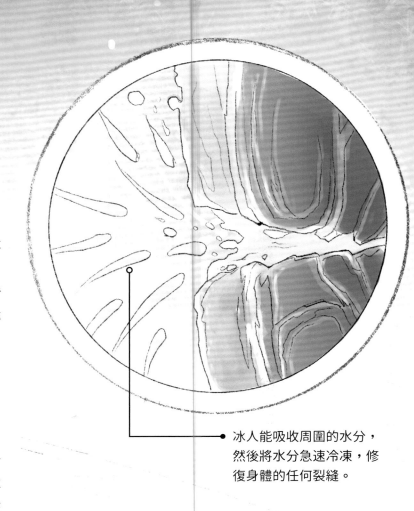

冰人能吸收周圍的水分，然後將水分急速冷凍，修復身體的任何裂縫。

造冰能力

冰人能透過擴張他的零下溫度氣場、凍住他周遭的大氣水分來製造出似乎無窮無盡的冰。他的控制非常精準，能把生成的冰瞬間雕塑成坡道、護盾、刀片，甚至是簡單的機械裝置。冰人會在腳下製造出一條滑順的冰製道路，藉由滑行來移動。由於適合人類呼吸的大氣中一定有水分，所以冰人的造冰能力幾乎毫無限制。

熱能操控

冰人的變種能力讓他能用靈能控制熱能高低，這種能力的施展方式是他的身體會散發出強烈的冷冽氣息，不到一秒就能把周遭的溫度降到華氏負105度。使用這項能力會對他的身體造成顯著的影響——他的身體結構會改變，呈現類似半透明冰的晶狀細胞結構——但冰人的有機組織不會受到任何損傷。這種變化對他的速度或柔軟度似乎毫無影響，表示他的細胞結構絕對不像他冰塊一般的外表那樣堅硬。有些人認為他甚至能把溫度降到絕對零度，也就是所有分子運動終止的溫度，這可能會讓他成為世上最危險的變種人。

冰人憑空變出冰凍結構的能力只受限於大氣中的水分含量。

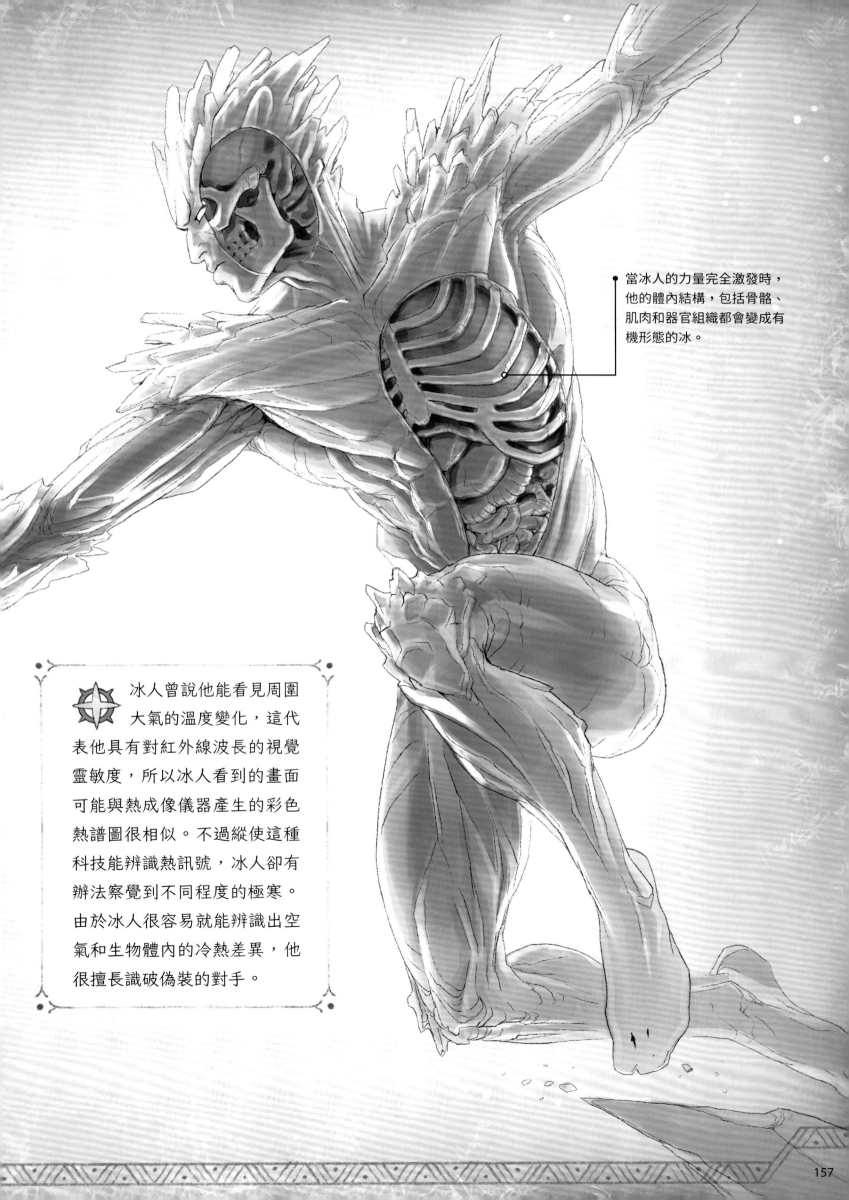

當冰人的力量完全激發時，他的體內結構，包括骨骼、肌肉和器官組織都會變成有機形態的冰。

冰人曾說他能看見周圍大氣的溫度變化，這代表他具有對紅外線波長的視覺靈敏度，所以冰人看到的畫面可能與熱成像儀器產生的彩色熱譜圖很相似。不過縱使這種科技能辨識熱訊號，冰人卻有辦法察覺到不同程度的極寒。由於冰人很容易就能辨識出空氣和生物體內的冷熱差異，他很擅長識破偽裝的對手。

冰人

　　冰人能把這種「有機冰」形態應用到全身，也能用在他選擇的肢體上。這個過程似乎要從大氣中吸收周圍的水分來補充他的身體質量。他會在身體周圍製造出一層冰，持續加強和補充他的晶狀結構，修補在戰鬥中造成的任何裂縫、提升他對傷害的抵抗力。冰人還能使用凝固的大氣水分強化他的身體特徵，包括塑造出密實的冷凍盔甲，或是在手腕或肩膀上變出冰錐狀的尖刺。

　　雖說冰人自己的身體不會被極端的溫度降低所傷，但他能透過擴散他身體的零下溫度氣息來對附近的敵人造成傷害。這個冰凍氣場能在幾秒內凍傷敵人，可能還會導致永久性的組織損傷。有些報告指出，冰人甚至能以類似暴露於液態氮引發的過冷現象的方式凍結對手的肢體，使該處變成容易碎裂或折斷的脆化狀態，進而分離結凍的組織。

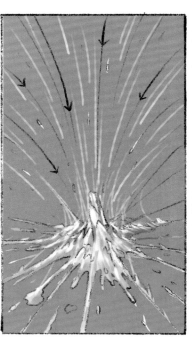

冰人有辦法從毀滅性的傷害中復原，即便他的身體已經完全粉碎。

冰人會吸收環境中的水粒子，補充他的冰凍生物物質。

隨著剛吸收的水分和冰人的有機冰碎片混合，他的身體開始重建。

完全復原的冰人出現了，沒有明顯的身體損傷，即便他變回未冰凍的狀態時也是如此。

耐久性和再生能力

　　在有機冰形態下，冰人很容易受到可能會粉碎他身體的特定物理攻擊。縱使他的關節能保有靈活度，但某些點承受的巨大壓力會造成斷裂，進而崩裂成碎片。同樣的，過熱的溫度會熔化他的四肢，甚至會導致他的身體昇華為類似蒸汽的氣態。

　　跟沙人和水人很像，冰人在這種解體的狀態下似乎還保留著無形的意識，使他能採取行動讓身體復原。藉由吸收周遭的水分，他通常能凝聚碎裂的身體，完全恢復人形，也不會對健康留下長久的後遺症。即便是在完全蒸發後，冰人也只要匯聚他的水滴，凝結成他熟悉的身形就能復原。

新的記錄指出冰人能創造出可以獨立行動的半自主人形冰分身。冰人可能保有他對分身的潛意識控制，也許是冰人在他分身中加入的微量有機水滴已經足以提供每個分身他有限的部分知覺能力。在沒有收到特定命令的情況下，這些分身似乎會自動恢復成與冰人一起作戰的模式，這進一步證實了一個概念，也就是這些分身的大腦基本功能可能是直接仿效它們的創造者。

冰人的冰凍有機物晶體存在於他所有的冰造物中，為他的分身提供有限的知覺能力。

評估

冰人對熱力學的操控能耐遠遠超越了他最常製造的雪球和冰坡。史克魯爾人部隊也許能改變他們的生理構造來抵禦冰人的某些攻擊，但他們畢竟還是有機生命體，不太可能完全承受冰人的零下溫度。基於上述這些原因，我把冰人列在我們要優先招募的對象中。

● 在適當集中注意力的情況下，冰人就有可能創造出無限多的自主冰造大軍，每個分身都有自己的特化特徵。

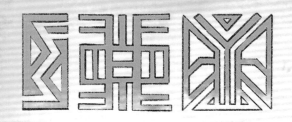

天使

當一對巨大的羽翼從背上長出來時，一位名為沃倫·K·沃辛頓三世的富有年輕變種人贏得了變種人學校第一班的名額。身為X戰警的天使，沃倫能振翅飛到新的高度，但當變種人反派天啟把他變成他的「死亡騎士」天使長時，他的世界便崩毀了。從那之後，沃倫重新回到正義的一方，但仍會被內心的黑暗所折磨。

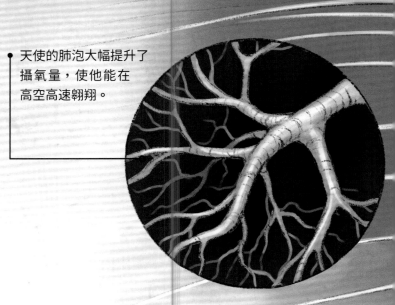

天使的肺泡大幅提升了攝氧量，使他能在高空高速翱翔。

 ## 翅膀和飛行能力

天使一開始的突變是長出連接著骨骼的翅膀，從他的肩胛骨之間冒出來。完全展開的羽翼有16呎寬，但也能收合到穿在他一般服裝底下的背帶裡。

天使的飛行方式是像鳥一樣撲動他的翅膀，快速拍打空氣來升空，並調整羽翼的角度來控制飛行的方向和高度。大量的空中特技訓練讓天使擁有能迅速做出精巧動作的精準技能，而且除了他自己的體重，天使振翅產生的升力還能多支撐兩百磅的重量，能帶著戰友飛行，或是攜帶彈藥、戰鬥裝備等大型物體。

 根據我們收集的雷達數據，天使的飛行路線最常出現在 6500 呎的高度，這是雲層完全覆蓋最常出現的最低高度，在移動時就不會引起不必要的注意。他曾達到大約 2 萬 9 千呎的飛行上限──跟聖母峰峰頂一樣高。即使他對風寒和低氧環境有很高的耐受性，但這麼極端的高度還是對他的身體造成了巨大的壓力。他的巡航速度大約是時速 70 哩，但他的最快速度曾到時速 150 哩。

鳥類特徵

天使的身體結構有一些類似鳥類的特徵，包括柔韌的中空骨骼和讓他的身體幾乎沒有任何脂肪的高新陳代謝。他能承受高空飛行的寒冷，還擁有一種包覆著肺泡的特化呼吸膜，能從稀薄的空氣中吸取額外的氧氣。他的眼睛能察覺物體的動作或辨識出微小的細節，像是能在擠滿人的區域找出特定目標，而且能在比普通人遠八倍以外的距離做到。這種能力媲美老鷹、隼，以及其他空中猛禽的視力，這可能代表天使的眼睛有某種類似櫛膜（鳥類獨特的眼睛血管結構）的構造，把他猛禽般的視網膜功能發揮到最佳。

治癒能力

由於天使的變種人生理機能提升了他的新陳代謝，所以他身體產生的毒素非常少。這項能力加上其他類似鳥類的突變，讓天使能長時間飛行而不會疲累。天使在第二次突變中還發展出增強的治癒能力，他身體的受損組織能更快癒合，在數小時內修補幾乎致命的傷勢。天使的治癒能力似乎是來自他血液中的化學成分，因此只要血型相同，天使的輸血將會為受血者帶來短暫的復原效果。

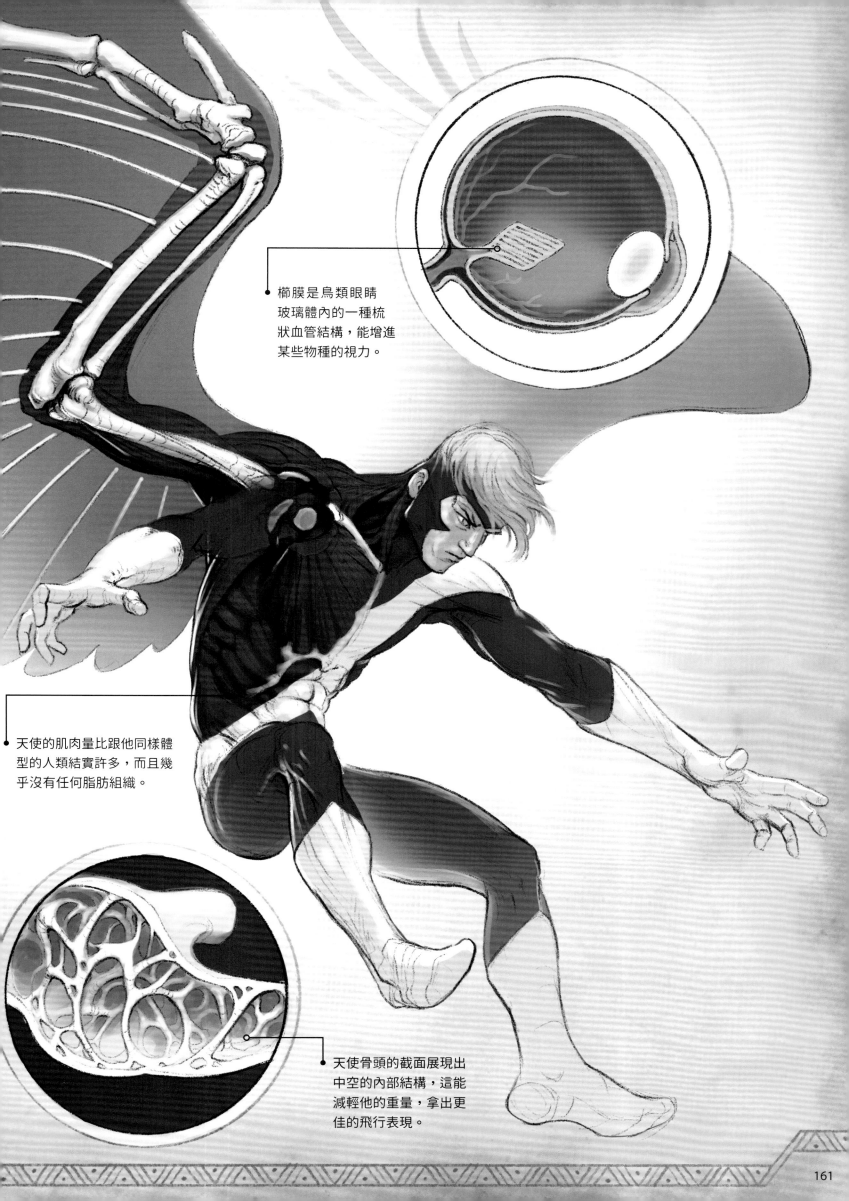

櫛膜是鳥類眼睛玻璃體內的一種梳狀血管結構，能增進某些物種的視力。

天使的肌肉量比跟他同樣體型的人類結實許多，而且幾乎沒有任何脂肪組織。

天使骨頭的截面展現出中空的內部結構，這能減輕他的重量，拿出更佳的飛行表現。

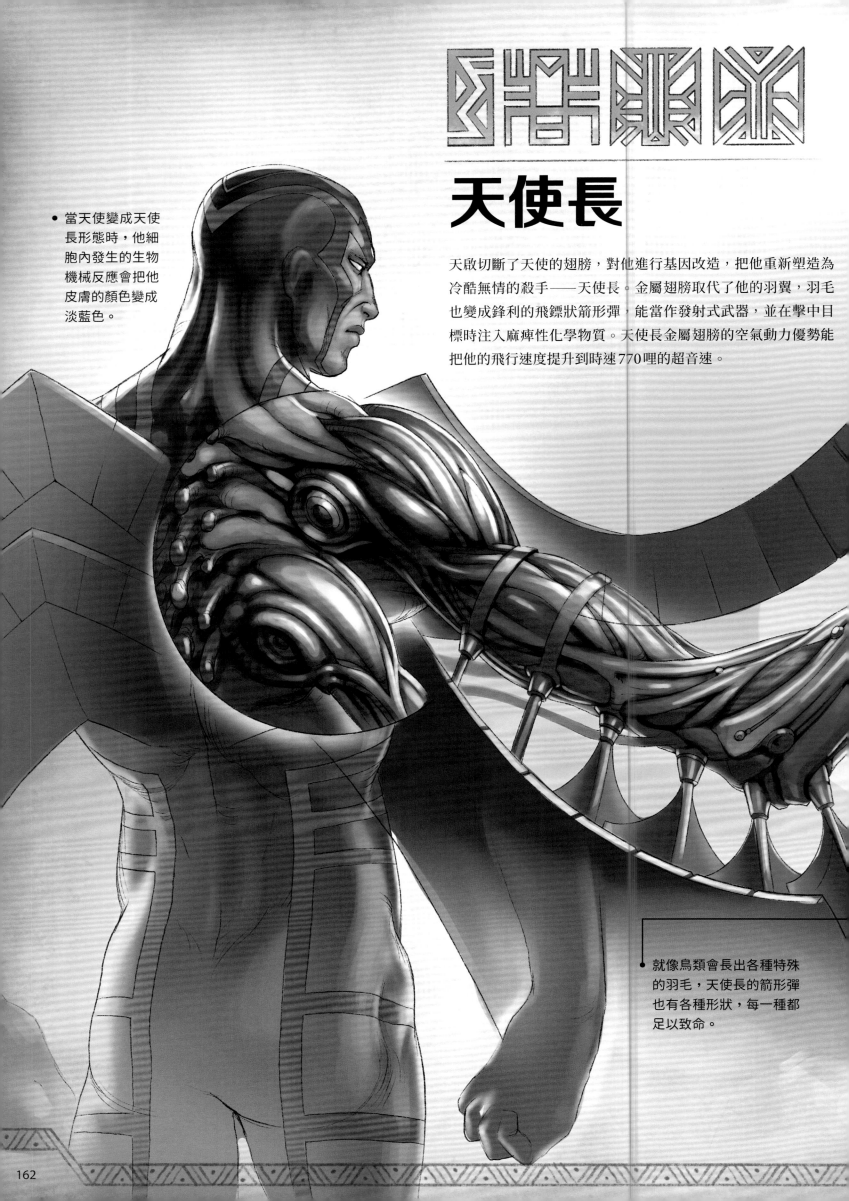

天使長

天啟切斷了天使的翅膀，對他進行基因改造，把他重新塑造為冷酷無情的殺手——天使長。金屬翅膀取代了他的羽翼，羽毛也變成鋒利的飛鏢狀箭形彈，能當作發射式武器，並在擊中目標時注入麻痺性化學物質。天使長金屬翅膀的空氣動力優勢能把他的飛行速度提升到時速770哩的超音速。

- 當天使變成天使長形態時，他細胞內發生的生物機械反應會把他皮膚的顏色變成淡藍色。

- 就像鳥類會長出各種特殊的羽毛，天使長的箭形彈也有各種形狀，每一種都足以致命。

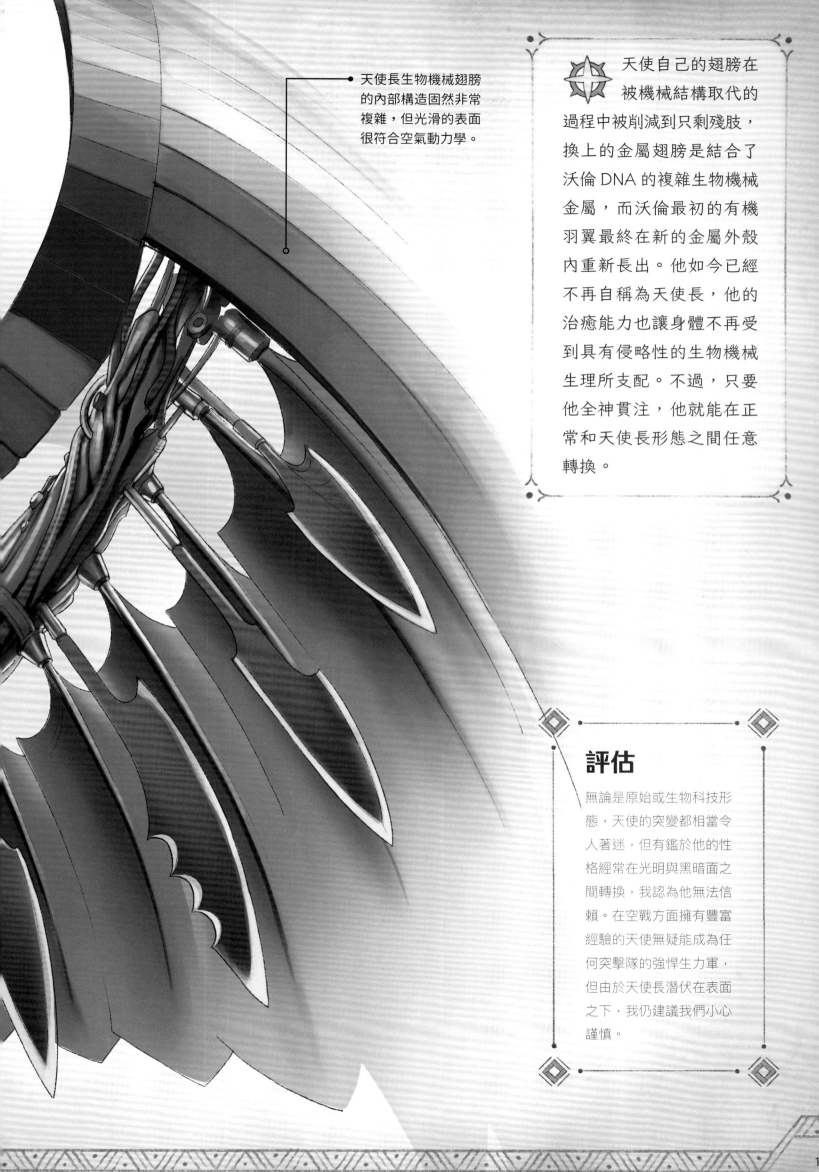

天使長生物機械翅膀
的內部構造固然非常
複雜，但光滑的表面
很符合空氣動力學。

天使自己的翅膀在
被機械結構取代的
過程中被削減到只剩殘肢，
換上的金屬翅膀是結合了
沃倫 DNA 的複雜生物機械
金屬，而沃倫最初的有機
羽翼最終在新的金屬外殼
內重新長出。他如今已經
不再自稱為天使長，他的
治癒能力也讓身體不再受
到具有侵略性的生物機械
生理所支配。不過，只要
他全神貫注，他就能在正
常和天使長形態之間任意
轉換。

評估

無論是原始或生物科技形
態，天使的突變都相當令
人著迷，但有鑑於他的性
格經常在光明與黑暗面之
間轉換，我認為他無法信
賴。在空戰方面擁有豐富
經驗的天使無疑能成為任
何突擊隊的強悍生力軍，
但由於天使長潛伏在表面
之下，我仍建議我們小心
謹慎。

野獸渾身肌肉的身體
跟瓦干達白猩猩的生理
結構有諸多相似之處，白
猩猩是瓦干達賈巴利部
族崇拜的物種。

野獸

野獸的藍色毛皮可能是目前他最容易辨認的特徵，但他的毛皮最初出現時其實是淺灰色的。

暱稱「漢克」的亨利‧麥考伊可謂是人不可貌相。他的外表看似野蠻，實際上卻擁有各種科學領域的學術專長，包括遺傳學和生物化學。身為野獸，漢克靠著他如猿類一般的敏捷性與X戰警並肩作戰，並透過對自己遺傳密碼的特定修改進一步提升了他的變種能力。

身體突變

亨利‧麥考伊博士是很罕見的變種人，他的強化特徵一出生就很明顯。他的手腳比一般人大得多，他的身型比例——包括他增強的肌肉組織和拉長的手臂——類似類人猿。這種不尋常的體格讓漢克能展現出同儕不可企及的驚人力量和敏捷性。

早年以冒險家的身分加入X戰警後，漢克開始把注意力轉移到科學上，尤其是變種人X基因的研究。他在研究期間開發出一種血清，能分離出激發他潛在突變特徵的激素。在注射血清後，他長出了尖牙利爪、尖尖的耳朵和毛皮。

野獸的自我改造改變了他的核心特徵，並獲得招牌的藍色毛皮，和死亡擦身而過的經歷同時激發了更深層的突變，把他的身形變得更像貓科動物。這種形態會導致野獸的健康狀況迅速惡化，促使他合成出一種穩定配方，能夠變回他熟悉的類人猿體格。

漢克‧麥考伊在用科學方法誘發突變前就具有許多增強的身體特徵，包括壯碩的四肢。

野獸

 ## 強化的力量和靈活度

　　野獸能靠密實的肌肉結構和厚實的耐震骨骼舉起重達10噸的重量，並以站立姿勢往任何方向跳出50呎的距離。當他四肢著地跑動時，能達到40哩的時速。除此之外，野獸驚人的靈活度不但能輕鬆地翻身或翻滾越過障礙物，他還能靈巧地同時運用四肢。我曾目睹漢克一隻手吊在天花板上，同時用另一隻手微調一項發明，甚至還用左腳在教科書上翻頁，右腳腳趾還夾著一隻鉛筆草草寫下筆記。

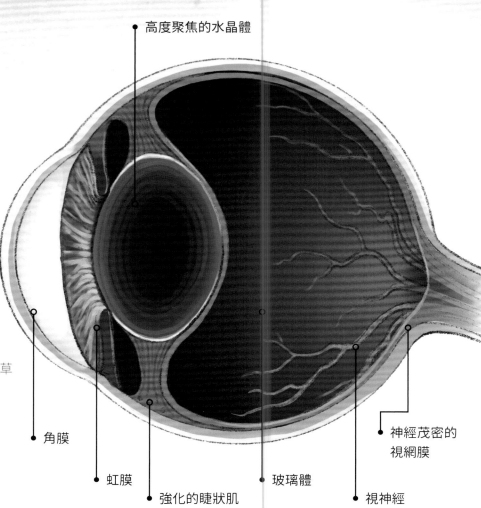

高度聚焦的水晶體

角膜

虹膜

強化的睫狀肌

玻璃體

視神經

神經茂密的視網膜

 ## 強化的感官

　　野獸的所有感官都達到超人類級別，他大腦中負責處理感官輸入的顳葉在磁振造影掃描下顯現出活動的提升，代表他具有同時處理多種感官訊號的天賦。他的聽力涵蓋次聲波與超聲波的波長，遠超出人類聽力20到2萬赫茲的範圍，而野獸比一般人更清晰數倍的視力，可能要歸功於他視網膜中神經密度的增加。

　　野獸的眼睛類似家貓，有能以驚人速度開合的垂直細長瞳孔。研究顯示，貓科動物的瞳孔在收縮和擴張狀態之間的變化反應速度比人眼快20倍以上，帶來更優秀的夜視能力。我們可以假設野獸類似的眼睛結構也為他帶來同等級的視力。

野獸如貓一般的瞳孔能與布滿神經的視網膜相輔相成，把遠視力提升到驚人的程度，不過他還是需要戴眼鏡才能閱讀。

 ## 評估

　　野獸的變種身體在任何戰場上都是強而有力的資產，但漢克‧麥考伊聰明的腦袋對我們的目標更能發揮價值。說到我們對於分析和消滅史克魯爾人所下的苦功，野獸對生物學和遺傳學無人能敵的理解遠遠勝過他明顯的身體天賦。儘管我很樂意讓他進入瓦干達最先進的所有實驗室，但野獸的旺盛精力、強大的體能、天生的好奇心和同時處理許多任務的嫻熟，都讓我相信他會更樂意到衝突前線收集資料。而當野獸下定決心，就幾乎沒有人能阻止他。

野獸耳朵的肌肉數量
是正常人的三倍以上，
他能調整耳朵的方向，
將聽覺提升到最敏銳
的狀態。

野獸能使出將近1300psi的
驚人咬合力，類似大猩猩，
不過他在戰鬥中很少使用強
而有力的下顎。

藍魔鬼

寇特·華格納一出生就被遺棄，而由於他惡魔般的外表，他的成長階段都在馬戲團裡被當成奇人怪物。他最終在X戰警中找到了歸屬，他精通遠距傳送的能力和雜技戰鬥的高超技巧使他成為團隊中最有價值的成員。

身體突變

藍魔鬼的獨特特徵包括覆蓋著一層深色薄毛皮的藍皮膚，還有銳利的尖牙、尖尖的耳朵跟沒有瞳孔的黃色眼睛。他的兩隻手各有兩根手指和相對的拇指，兩隻腳各有兩根靈活的腳趾跟一個能抓握的可彎曲腳跟。

藍魔鬼的脊柱尾端長了一條三呎半的尾巴，末端呈矛狀。這個附肢能支撐藍魔鬼全身的重量，還能像第三隻手臂一樣用來操控物體。甚至有人看過藍魔鬼在跟多名敵人戰鬥時用尾巴揮舞著一把劍。尾巴還能幫助藍魔鬼掌控他的重心，造就他近乎完美的平衡感。

謠傳藍魔鬼獨特的生理結構是遺傳自他父親阿撒佐，他是個具有類似惡魔的特徵、看似長生不老的變種人。不過藍魔鬼的皮膚和毛皮是深藍色，這可能是遺傳自他的母親，一位自稱魔形女、有變形能力的變種人。

藍魔鬼能用手、腳和尾巴在屋簷和天花板橫梁上獲得摩擦力，但我也曾目睹他攀附在幾乎沒有摩擦力的表面，展現類似蜘蛛人的能力。這項能力的本質目前還不清楚，但可能是源自於他遠距傳送能力所附帶的負電荷持續釋放。這樣的電荷理論上能在他的身體和另一個物體的正電荷之間產生　　　　　夠強的吸引力，支撐他的體重。

藍魔鬼天生的敏捷性和柔軟度讓他具備了成為劍術大師所需的身體條件。

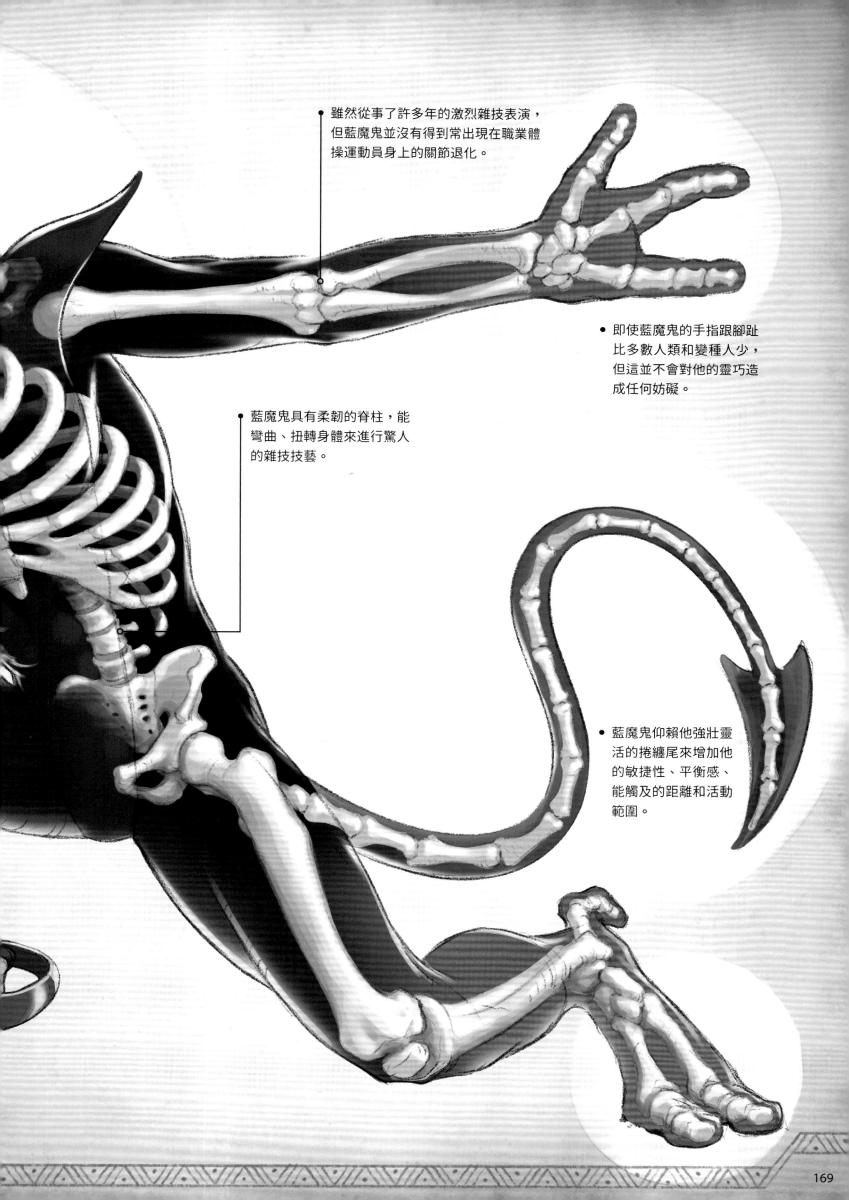

雖然從事了許多年的激烈雜技表演，但藍魔鬼並沒有得到常出現在職業體操運動員身上的關節退化。

- 即使藍魔鬼的手指跟腳趾比多數人類和變種人少，但這並不會對他的靈巧造成任何妨礙。

藍魔鬼具有柔韌的脊柱，能彎曲、扭轉身體來進行驚人的雜技技藝。

- 藍魔鬼仰賴他強壯靈活的捲纏尾來增加他的敏捷性、平衡感、能觸及的距離和活動範圍。

藍魔鬼

◈ 強化的柔軟度和敏捷性

藍魔鬼的脊柱非常靈活，能以超出人類極限的方式扭轉自己的身體。他在馬戲團裡表演雜技和加入X戰警的歲月打磨了他的敏捷性，現在即便是一觸即發的戰區，藍魔鬼也能大膽地活躍地移動。針對藍魔鬼的運動後心率、攝氧量和血中乳酸濃度峰值進行的測量顯示，他身體的心肺和代謝需求非常低，能長時間持續發力。在危險發生、需要迅速反應時，他柔韌輕巧的肌肉組織也是一大優點。

◈ 遠距傳送

藍魔鬼招牌的遠距傳送能力能一瞬間傳送到另一個實體位置。某些種類的遠距傳送會把物質分解，並在別的地方重組，但藍魔鬼的能力是使用跨維度門戶創造出時間和空間的捷徑。

藍魔鬼能任意製造出這種門戶，一瞬間穿過去，然後從第二道門戶回到我們的世界。過程會伴隨著空氣的爆破聲和硫磺的臭氣，這可能是來自遠距傳送過程中他穿越的另一個維度。藍魔鬼可以帶著人或物體穿越他的傳送門，但額外的重量會增加他在召喚和維持門戶的身體負擔。

藍魔鬼的空間跳躍能力能在數名對手之間瞬間傳送，在幾秒內制服多個目標。

我追蹤了藍魔鬼的遠距傳送活動，並記錄他離開和抵達的地點。我推估他在水平和垂直方向的最大移動距離大概是2到3哩，因他對地形的瞭解程度而異。

◈ 偽裝能力

藍魔鬼是夜間躲藏的專家。他的藍色皮膚能自然地融入黑暗的環境中，但無論他周遭的光打得多亮，藍魔鬼似乎永遠處在陰影中。這有可能是因為額外維度能量從他與傳送門戶的被動連結中散發出來，為他帶來一種微妙的偽裝效果，不使用夜視設備就很難發現他的存在。

反射的光線

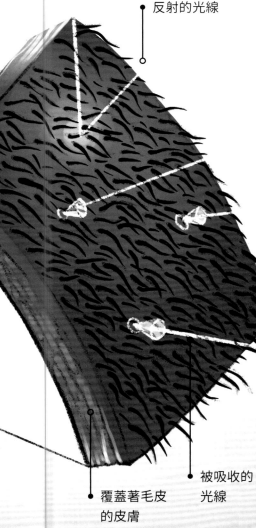

• 覆蓋著藍魔鬼皮膚的深色毛皮吸收了大部分光線，所以他的外表才會顯得黑暗。

被吸收的光線

覆蓋著毛皮的皮膚

掃描顯示即便藍魔鬼沒有主動使用傳送能力，額外維度能量也始終存在於他體內。

這個模型展示了藍魔鬼的身體離開我們的現實，穿過另一個維度，然後在另一個地點現身，一切都發生在轉瞬之間。

這個現實　離開點　另一個維度　返回點　同一個現實

 ## 超感官導航

　　進行遠距傳送時，藍魔鬼需要對環境迅速做出調整，以免不小心把出口開在地底或混凝土板裡。正因如此，我猜他的突變還包括一種無意識的導航能力，讓他能察覺傳送過程中的潛在危險。這可能反映在他內嗅皮質的一個增長物上，也就是大腦中的羅盤。藍魔鬼的方向感甚至可能會下意識地阻止他傳送到他不熟悉的目的地，減少在返回時被實心固體截斷而致死的可能性。

評估

藍魔鬼是一個自由自在的冒險者，把自己變種能力所成就的戰鬥風格發揮得淋漓盡致。如果敵人的入侵演變成全面戰爭，他精湛的雜技能力和劍術肯定大有可為。然而早在戰鬥開始前，藍魔鬼的遠距傳送能力可以當作一種安全迅速的方法，在已經辨識出的史克魯爾人滲透者朝目標下手前先揪出他們，也許能拯救許多人的性命。

暴風女

我從小就認識奧蘿洛·蒙羅了，很少有人對我的影響比她更深刻。從我們在非洲平原上最初的冒險，到她在我身邊統治瓦干達，我們每次相遇都有著強烈的吸引力。早在她以暴風女的身分加入Ｘ戰警前，就有一些人因為奧蘿洛能控制天氣的能力把她奉為女神。即使是現在，瓦干達人也尊稱她為「哈達力耀」，意為雲之行者。

瓦干達的衛星影像清楚顯示奧蘿洛在聚集一場強烈風暴後對局部天氣型態的影響。

正常天氣型態

風向迅速改變

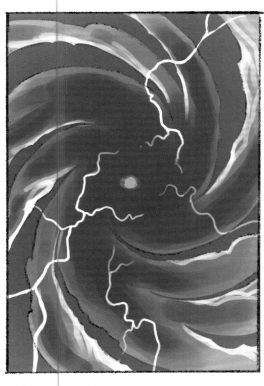

集中的颶風級風力

◈ 天氣操控

暴風女的變種靈能可以歸類為大氣念動力，這是一種能利用自然發生的天氣型態發揮各種氣象影響力的心靈傳動能力，包括召喚傾盆大雨、冰雹或颶風級的風力。暴風女能藉由改變高壓和低壓系統的型態來操控一個地區的溫度和濕度，即使是在太空船內部這種小型的獨立大氣系統中也能辦到。

◈ 飛行能力

暴風女能改變氣流的方向和強度，藉此乘著氣流往上，並在以時速三百哩移動時維持飄浮。她能在移動的過程中製造出一種防護氣墊，保護她不受大氣的摩擦力影響。她甚至曾用太陽風（從太陽日冕釋放出的帶電電漿流）推動自己，穿過沒有空氣的星際空間。

當奧蘿洛召喚強大的上升
氣流模擬飛行時,她的身
體會包覆著一層空氣作為
緩衝,保護她不受到潛在
的風切傷害。

暴風女

雷擊

當雷雨雲開始累積電荷，雲底部帶負電的電子會被地面任何帶正電的質子積聚所吸引，這樣的連結會引發雷擊。暴風女似乎天生就有察覺和操縱這種大氣電荷的能力，她不但能任意召喚雷擊，還能在體內儲存電能，在想要的時機放出。

因此暴風女體內的細胞一定要能容納非常多電能。在一般生物中，一個有機細胞膜的生物電位為50毫伏。考慮到雷擊的平均電荷，暴風女的細胞要能承受超過十億伏特的注入。這代表她的細胞膜滲透性非常大，能容納大幅增加的帶電離子流。

眼睛

當暴風女使用變種能力時，她眼睛的虹膜似乎會從藍色變成沒有瞳孔的純白色。由於這種變化似乎跟她靈能力的激發有關，代表暴風女的視知覺可能是以某種方式讓她把大氣念動力發揮到極致。一個可能的推論是，她純白狀態的眼睛也許能感知和解讀大氣能量和氣象條件之間的複雜關聯。運用這些資訊，暴風女便能透過大氣念動力召喚特定的天氣。

評估

我在這個星球上，沒有比奧蘿洛更熟識的對象了。由於在氣象掌握方面，沒有史克魯爾人是她的對手，她應該是我們邀請結盟的首要目標。我確信她會加入我方對抗即將到來的威脅，而且她的能力對地球大氣層內的任何反擊都非常關鍵。

奧蘿洛能釋放閃電，把周遭空氣提升到華氏5萬度以上，是太陽表面溫度的五倍。

暴風女對閃電雷擊免疫，但她還是常在X戰警制服和日常穿的街頭服飾中加入絕緣的衣服。

普通人被閃電擊中的話，可能會遭受嚴重燒傷、神經損傷，甚至是心臟驟停。

奧蘿洛的細胞結構能吸收並重新導引極強的電能，而且不會有任何損傷。

只要他想要，鋼人就能變成
鋼鐵皮膚形態，但維持這個
狀態需要持續集中注意力。

鋼人的有機鋼鐵皮膚堅硬到
能承受等同引爆450磅TNT
炸藥的衝擊力。

觸發鋼人迅速變身的神經末梢簇似乎與他鋼鐵皮膚上的條紋對齊。

鋼人

縱使擁有鋼鐵身軀和強而有力的拳頭，「鋼人」皮奧特・拉斯普廷可說是最有可能追求和平的一位X戰警。他很早就知道自由是值得挺身捍衛的，我相信他會不惜一切代價支持我們。

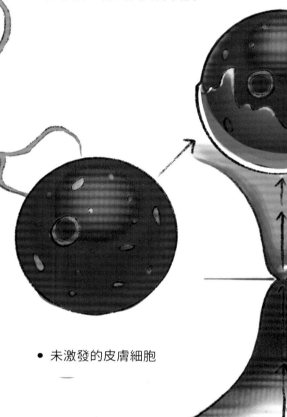

吸取額外維度物質的細胞

- 未激發的皮膚細胞

- 受到激發的有機鋼鐵細胞

鋼鐵皮膚

鋼人的變種能力是把他的表皮組織轉變為一種金屬生物材料。這種被稱為「有機鋼鐵」的硬殼為鋼人帶來驚人的抗損傷能力，他能無視大口徑砲彈的攻擊，甚至能正面擋下車輛的撞擊。這種金屬皮膚還能保護鋼人不受華氏負390到9000度的極端溫度影響，也能抵擋腐蝕性酸。要把身體變成鋼鐵覆蓋的形態，並維持住這種強化需要集中注意力，所以如果失去知覺，皮奧特便會變回一般的人類軀體。

強化的力量

當鋼人的皮膚變成生物金屬時，它的剛性能增強皮奧特現有的肌肉組織。鋼人能舉起重達100噸的重量，而且沉重的鋼鐵外殼對他的速度或靈活度似乎沒有負面影響。用顯微鏡觀察，會發現鋼人的皮膚有許多孔洞，能證實有機鋼鐵的柔韌性，這可能是他具有驚人敏捷性的其中一個原因。

鋼人

 鋼人無法選擇要把身體的哪些部位變成鋼鐵裝甲，所以他的變身是一種全有全無的變形，甚至會讓眼球被一層薄薄的有機金屬包覆。他在這個狀態下似乎也沒在呼吸，這更能支持鋼人的有機鋼鐵比看起來更具滲透性的假設，他能透過毛孔吸收氧氣，視網膜也能接收光線。

◆ 增加的質量

正如幾個世紀以來的定律，質量無法憑空創造或消滅，因此當皮奧特變成鋼人、把體重翻倍時，他似乎是無意識地從位於另一個維度的庫存中提取質量（類似其他能瞬間獲得大量肌肉量的超人類，如浩克）。

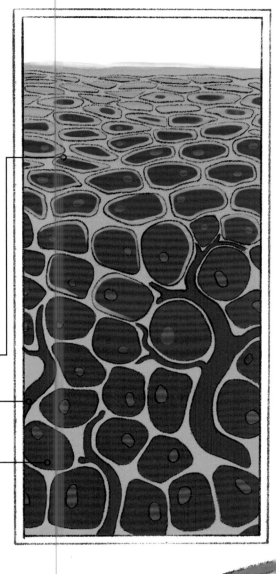

有機鋼鐵細胞

血管

一般皮膚細胞

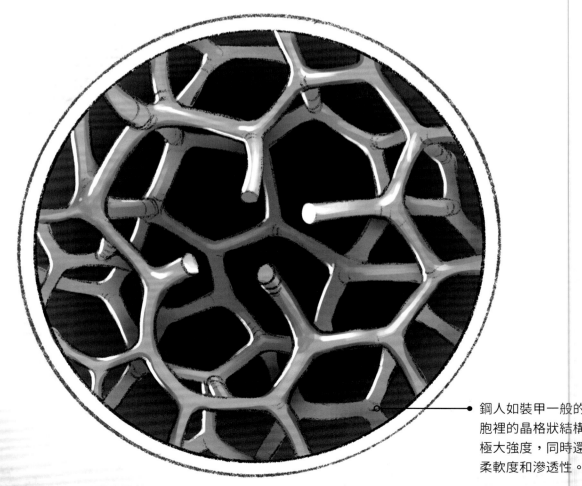

鋼人如裝甲一般的皮膚細胞裡的晶格狀結構能提供極大強度，同時還能保有柔軟度和滲透性。

如果沒有鋼人的主動參與，研究有機鋼鐵的細胞似乎是不可能的任務。鋼人的皮膚只有在他想要的情況下才會變成金屬，這代表為了研究分析用途而切下的一小塊有機鋼鐵可能會馬上變回肉的狀態。幸好皮奧特贊同我們的科學要求，根據我們目前的談話，我希望他能在不久的將來參與更深入的研究。

評估

鋼人如堡壘一般的體格是完美的戰爭武器，他能毫髮無傷地突破一整個武裝營。如果他加入我們對抗史克魯爾人，我相信鋼人將成為作戰前線象徵著希望的閃亮明燈。

有機鋼鐵皮膚

肌肉和韌帶

骨髓

股骨

當他皮層的細胞變成有機鋼鐵時，在表面之下，鋼人依然是血肉之軀。

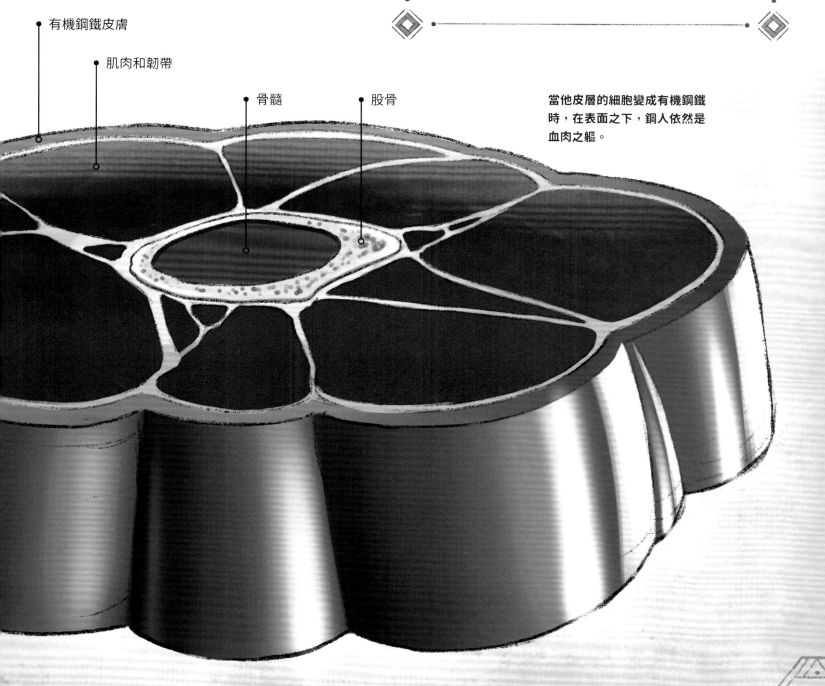

金鋼狼

我這輩子都在追蹤最凶猛的掠食者，但沒有幾個人能像金鋼狼一樣兇殘。除了天生的變種能力，金鋼狼在參加一個極機密計畫時還得到骨骼系統的金屬強化，把他變成勢不可當的殺戮機器。幸好他學會抑制怒火、控制住體內的猛獸——但當他的怒火全部釋放出來時，幾乎沒有對手能倖存。

 ## 自癒因子和長生不老

朋友們都叫他「羅根」，但金鋼狼的本名是詹姆斯·豪利特。他出生於1800年代晚期一個名聲顯赫的加拿大家庭，也就是說他已經活了超過一個世紀。羅根的長壽很明顯是變種人自癒因子的附帶效果，這種因子賦予他一種能讓受損組織迅速再生的細胞結構，即使是可能致命的傷口也能輕鬆癒合。

復原的速度與傷勢的嚴重程度成正比。布滿金鋼狼身體的燒傷可能一分鐘內就能痊癒，腹部槍傷需要幾分鐘，而有機組織的解體可能要很多天才能完全復原。

金鋼狼的自癒因子能安全清除所有已知毒素，包含他的身體在精疲力竭時產生的毒素，結果就是金鋼狼幾乎不知道疲倦為何物。

 ## 免疫力與感官強化

正如同名動物狼獾，金鋼狼的感官非常敏銳，善於追蹤獵物。他的嗅覺特別靈敏，甚至能只靠氣味來辨識個體，媲美狼獾的追蹤能力，而狼獾能嗅出在深達20呎雪層下的獵物。據推測，金鋼狼的嗅覺受器有數億個，遠超過一般人類的六百萬個。除此之外，他異常敏銳的雙眼在接近黑暗的環境中依然能視物，他的耳朵能聽見遠方非常微弱的聲響，這可能是多虧了他耳蝸內毛細胞提升的超靈敏度。

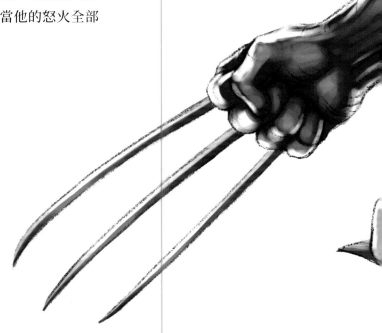

加拿大政府的生物樣本確認了金鋼狼沒有任何標準的 A、B、AB 或 O 型血。他的血液似乎是自成一型，得到「E」這個稱號（意指無盡）。跟從吸血鬼身上採到的樣本有些許相似，他的血液似乎不會被感染，而且跟所有血型都能相容。在少量輸血後，金鋼狼的血液還能讓接受輸血者獲得短暫增強的癒合能力。

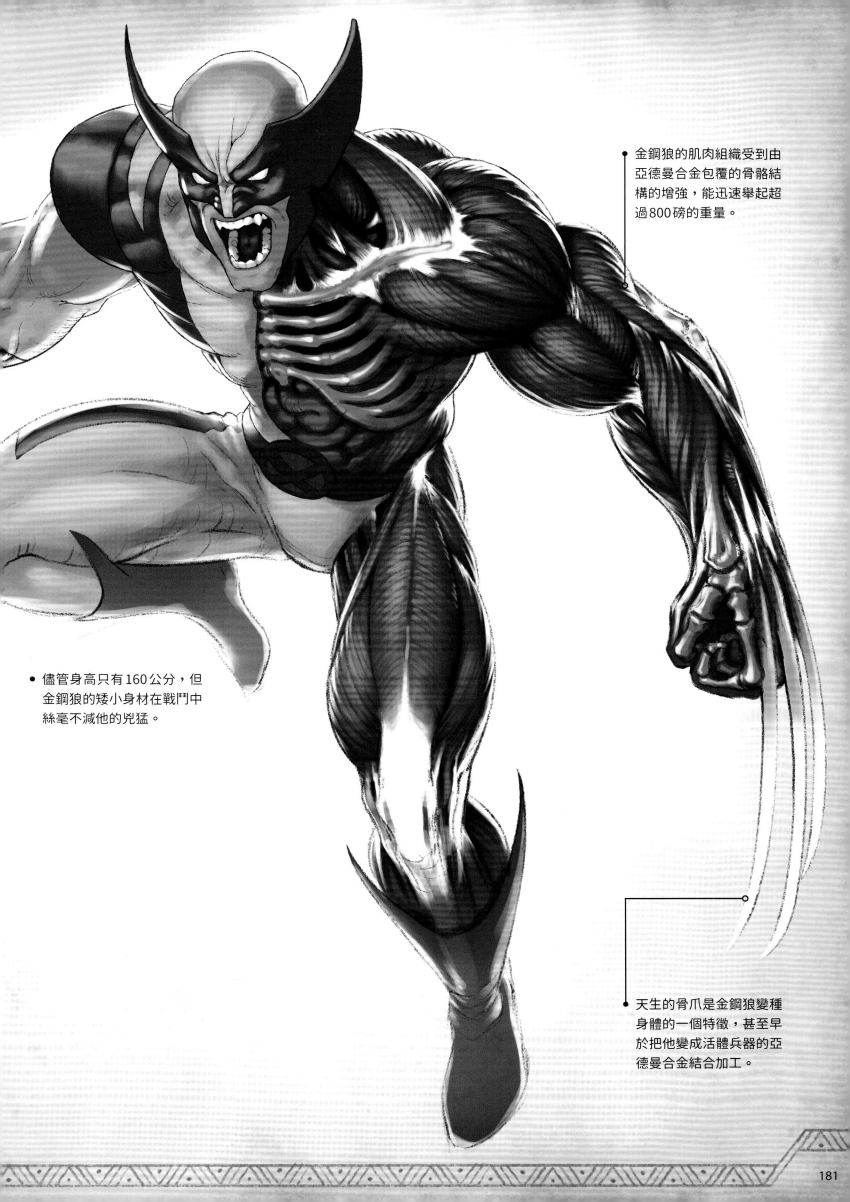

金鋼狼的肌肉組織受到由
亞德曼合金包覆的骨骼結
構的增強，能迅速舉起超
過800磅的重量。

儘管身高只有160公分，但
金鋼狼的矮小身材在戰鬥中
絲毫不減他的兇猛。

天生的骨爪是金鋼狼變種
身體的一個特徵，甚至早
於把他變成活體兵器的亞
德曼合金結合加工。

金鋼狼

- 在極端情況下，金鋼狼會進入狂怒狀態，在這種狂野的精神狀態下，他的行為會完全受到原始衝動控制。

縮回前臂

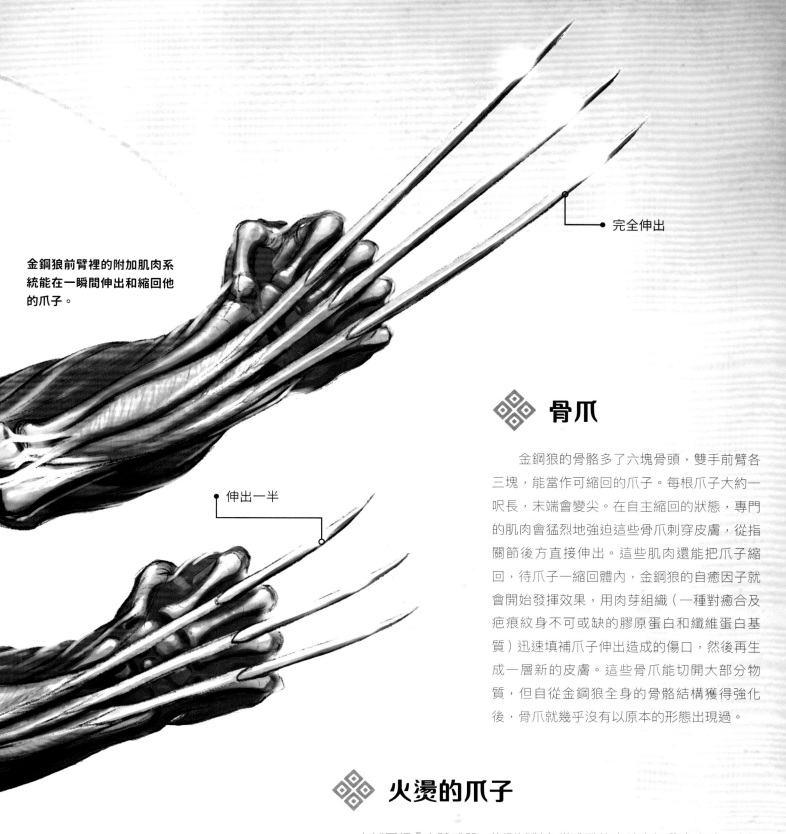

金鋼狼前臂裡的附加肌肉系統能在一瞬間伸出和縮回他的爪子。

完全伸出

伸出一半

骨爪

金鋼狼的骨骼多了六塊骨頭,雙手前臂各三塊,能當作可縮回的爪子。每根爪子大約一呎長,末端會變尖。在自主縮回的狀態,專門的肌肉會猛烈地強迫這些骨爪刺穿皮膚,從指關節後方直接伸出。這些肌肉還能把爪子縮回,待爪子一縮回體內,金鋼狼的自癒因子就會開始發揮效果,用肉芽組織(一種對癒合及疤痕紋身不可或缺的膠原蛋白和纖維蛋白基質)迅速填補爪子伸出造成的傷口,然後再生成一層新的皮膚。這些骨爪能切開大部分物質,但自從金鋼狼全身的骨骼結構獲得強化後,骨爪就幾乎沒有以原本的形態出現過。

火燙的爪子

在試圖把「十號武器」的測試對象從殘酷的實驗中拯救出來時,金鋼狼不小心被埋進大量堅固的亞德曼合金中。儘管人們一直懷疑金鋼狼已經死了,但他最後獲得了新的能力,能在狂怒期間讓爪子過熱。由於金鋼狼的自癒因子在金鋼狼使用火燙的爪子時效果會打折扣,我推測他的身體能把治療能量轉變成原始的熱能。這種理論上的能量轉移可能是仰賴熱傳導,比方說,如果集中在金鋼狼白血球裡的治療能量能用某種方式加快他爪子裡的分子振動。這樣的振動便會讓溫度劇烈提升,灼熱的高溫會使金鋼狼已經夠可怕的攻擊招式更致命。

金鋼狼

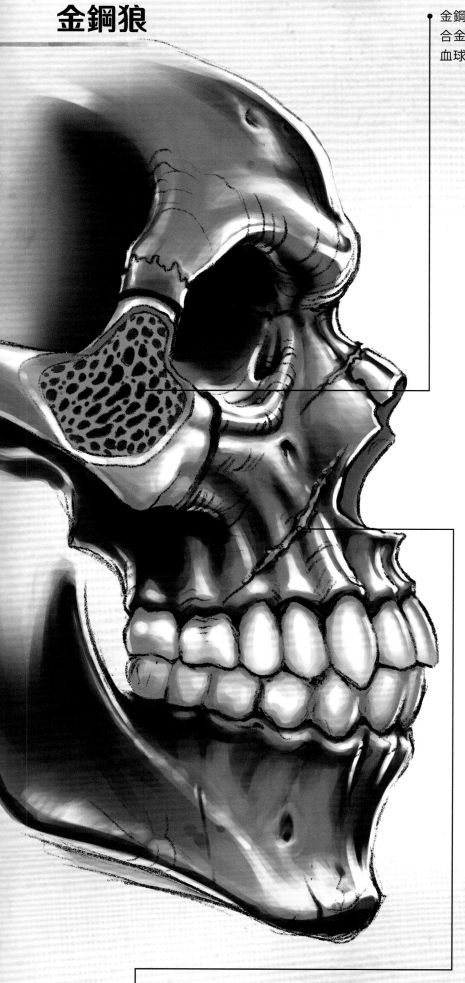

金鋼狼的骨頭雖然完全包覆在亞德曼合金裡，但裡面依然含有能產生新鮮血球的造血骨髓。

金鋼狼的自癒因子幾乎能在受到任何傷勢後修復他的有機組織，但如果他骨頭上的亞德曼合金留下凹痕、折彎或刮傷，這些傷疤便會永遠存在。

 ## 亞德曼合金骨骼

金鋼狼被迫以受試者的身分加入十號武器計畫——這項實驗由政府批准，目的是創造下一代超級士兵。該計畫的科學家開發出一種能把無堅不摧的亞德曼合金直接與人類骨骼結合的加工法。雖然實驗初期導致許多受試者死亡，但羅根的變種人自癒因子賦予他能在該實驗倖存所需的能耐。

實驗的結果是金鋼狼結合了亞德曼合金的骨骼幾乎堅不可摧，他的身體能承受巨大的力量，而他的亞德曼合金爪子幾乎任何東西都能刺穿。

儘管結合成功，但金鋼狼的身體還是一直想排出亞德曼合金，把這種合金當作外來的傳染病看待。他的自癒因子能抑制亞德曼合金嵌入後帶來的任何負面影響，而且可能是阻止這種重金屬完全滲入他的骨骼、封住骨髓的唯一要素，如果真的滲入骨骼，合金便會抑制他的強化血球生成。

亞德曼合金是一種人造合金，是地球上最堅固、也最稀有的一種金屬——其化學成分的機密受到祕密政府機關嚴加看管。亞德曼合金跟瓦干達珍貴的汎金屬在許多方面都很相似，但亞德曼合金具體的化學成分受到嚴密的保護，只有權勢人物才知道箇中奧祕。

評估

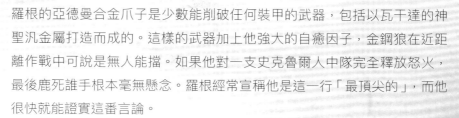

羅根的亞德曼合金爪子是少數能削破任何裝甲的武器，包括以瓦干達的神聖汎金屬打造而成的。這樣的武器加上他強大的自癒因子，金鋼狼在近距離作戰中可說是無人能擋。如果他對一支史克魯爾人中隊完全釋放怒火，最後鹿死誰手根本毫無懸念。羅根經常宣稱他是這一行「最頂尖的」，而他很快就能證實這番言論。

與亞德曼合金結合不僅是個危險的過程，更是高度機密，以下是根據從十號武器設施中重建的部分數據得出的最有可能的步驟。

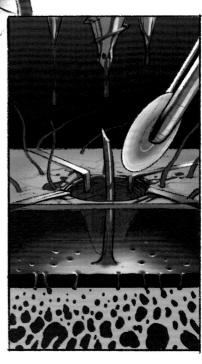

注射一種未知的特有配方，讓骨骼系統準備結合。

把注射座植入皮膚，直接鑽進底下的骨頭。

熔化的亞德曼合金透過注射座蔓延開，滲透到骨骼表層。

注射座被移除，剩餘的半硬化金屬尖刺會用亞德曼合金工具切除。

◆ 金鋼狼的傳承

像金鋼狼這種長壽的變種人擁有令人印象深刻的後代並不會讓人感到意外。羅根自然出生的孩子和用他DNA打造的複製人，都利用各自獨特的金鋼狼能力向世界展示他們沒有愧對於他們的出身。

X-23的亞德曼合金腳爪處於伸展狀態的X光顯示圖。

蹠骨

趾骨

亞德曼合金腳爪

- 從技術上來說她是金鋼狼的複製人，但X-23爪子的位置跟金鋼狼這個男性基因樣板不一樣，兩隻手各有兩根爪子，雙腳各有一根。

- 跟金鋼狼本尊一樣，X-23擁有自癒因子，她只要幾天的時間就能從四度燒傷和截肢中完全康復。

金鋼狼
（X-23）

蘿拉・金尼是利用十號武器計畫中的金鋼狼DNA樣本進行基因複製的複製人。實驗是在一個稱為「設施」的祕密地點進行，最初因發現複製胚胎裡的Y染色體出現無法挽回的破壞而使實驗停滯不前，設施的科學家轉而複製X染色體。在第23次嘗試製造的女性胚胎活了下來，所以被命名為「X-23」。

蘿拉在基因上是金鋼狼的雙胞胎，但是更年輕、更具有女性特徵。X-23幾乎擁有金鋼狼的所有變種能力，包含他的自癒因子、強化的感官，以及對毒物的免疫力。

X-23的雙手前臂都有兩根能伸縮的骨爪，她的另外兩根爪子會從雙腳的拇趾和第二根腳趾之間伸出。X-23的爪子包覆著亞德曼合金，這是創造她的同一位科學家進行的殘忍冶金實驗的結果。

當X-23接觸到科學研發的「觸發氣味」時，她的杏仁核和下視丘會變得過度刺激，使她陷入無法控制的狂怒。

設施的科學家開發出一種由未知化學物質構成的「觸發氣味」，來確保 X-23 無法反抗他們下達的殺戮命令。這種氣味會凌駕於金尼的大腦自主性功能之上，使她陷入盲目的狂怒。即使是最微量的氣味也能把 X-23 變成一個不情願的刺客，如果我能得到樣本，我會馬上開始調配解藥。

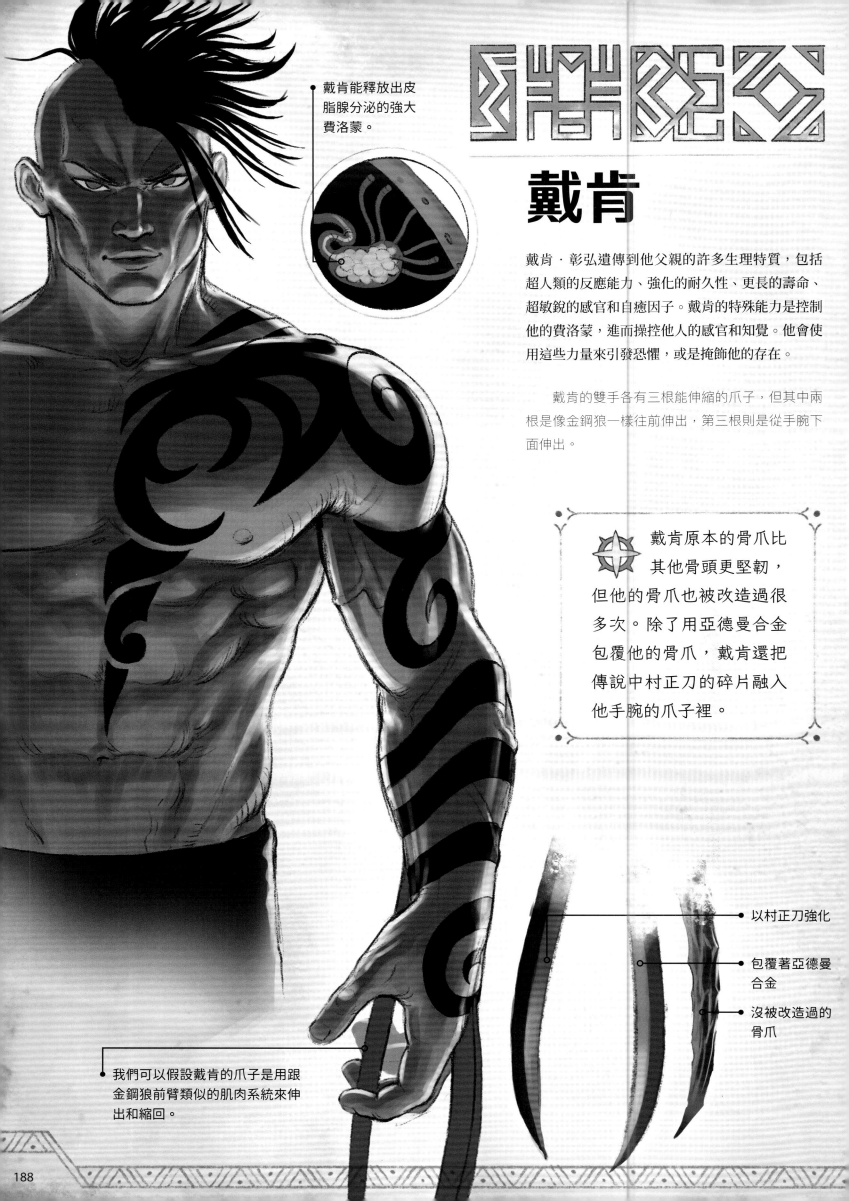

戴肯能釋放出皮
脂腺分泌的強大
費洛蒙。

戴肯

戴肯‧彰弘遺傳到他父親的許多生理特質,包括
超人類的反應能力、強化的耐久性、更長的壽命、
超敏銳的感官和自癒因子。戴肯的特殊能力是控制
他的費洛蒙,進而操控他人的感官和知覺。他會使
用這些力量來引發恐懼,或是掩飾他的存在。

戴肯的雙手各有三根能伸縮的爪子,但其中兩
根是像金鋼狼一樣往前伸出,第三根則是從手腕下
面伸出。

戴肯原本的骨爪比
其他骨頭更堅韌,
但他的骨爪也被改造過很
多次。除了用亞德曼合金
包覆他的骨爪,戴肯還把
傳說中村正刀的碎片融入
他手腕的爪子裡。

以村正刀強化

包覆著亞德曼
合金

沒被改造過的
骨爪

我們可以假設戴肯的爪子是用跟
金鋼狼前臂類似的肌肉系統來伸
出和縮回。

探子

X-23的「妹妹」是蓋布莉耶·金尼，她是另一次嘗試複製金鋼狼的產物，這次是由煉金術遺傳學公司（總部位於紐約市）的科學家進行的。探子擁有跟羅根一樣的再生自癒因子和強化感官，但她只有兩根骨爪，雙手各一根，從中指和無名指之間伸出。因為蓋布莉耶沒有接受亞德曼合金結合，所以她的骨爪沒有任何金屬強化。

探子與眾不同的一項特質是她感受不到疼痛。煉金術企業的科學家把奈米機器注入她的血液，抑制她痛感受器的訊號，在感官資訊傳達到她大腦的腦島背後側前加以干擾。

探子沒有接受過亞德曼合金改造，所以她雙手的骨爪都維持原本的形態。

- 奈米機器抑制了探子的痛感受器，所以在爪子穿出皮肉時，她不會體驗到金鋼狼和他其他後裔感受到的劇烈疼痛。

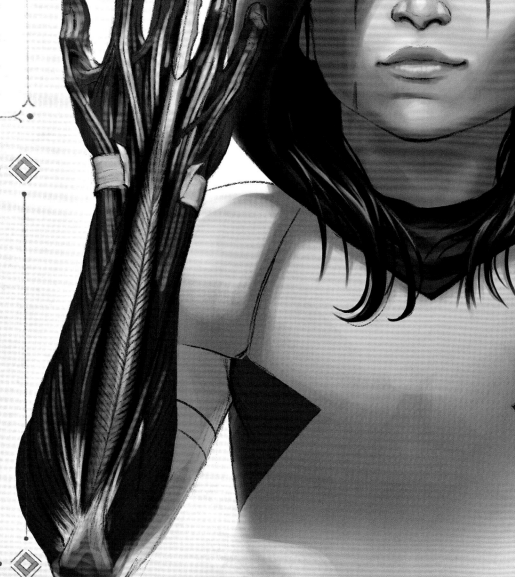

評估

金鋼狼的後代都擁有與其基因父親相似的身體突變，讓他們幾乎能追捕任何目標，以極高的效率將其殲滅。這些兇猛的年輕戰士會成為理想的新兵，尤其是對沒有迅速復原自癒因子的人來說過於危險的重要祕密任務。不過由於他們也遺傳到羅根的獨立性格和對於服從命令的厭惡，所以關鍵的出擊最好還是由金鋼狼本人來監督。

被切斷的手臂

開始再生

死侍

這位殺不死的傭兵一直是復仇者聯盟和其他超人類團隊的眼中釘，時間已經久到我不願仔細回想。韋德·威爾森雖然不是天生的變種人，但他的力量是從X戰警中最著名成員身上獲得的，所以把他的檔案放在這裡似乎很適合。儘管他的力量值得注意，但這些力量的擁有者完全不會得到我的尊重。

◈ 自癒因子

韋德·威爾森加入了十號武器計畫，相信這個計畫的科學家能治好他的末期癌症。注入威爾森細胞結構的金鋼狼DNA激發了一種變異的自癒因子，讓受損的組織開始再生，但這種自癒因子跟威爾森的遺傳密碼基礎不尋常地纏繞在一起，導致他的癌症無法治好。威爾森的癌症和強化治癒能力之間的細胞大戰對他的外表造成了破壞，他的表皮受到摧殘，布滿了疤痕組織。雖然死侍的身體一直在努力對抗癌症，但他的治癒天賦非常優異，能在幾分鐘內長出斷肢，甚至斬首也殺不死他。與金鋼狼一樣，死侍擁有更強的耐力、抗衰老因子，以及對毒素和毒物的免疫力。

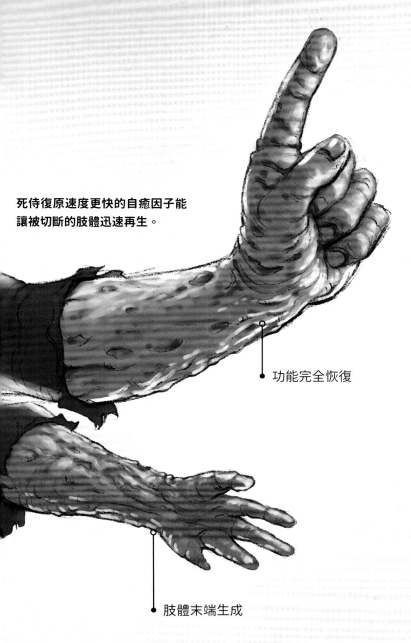

死侍復原速度更快的自癒因子能讓被切斷的肢體迅速再生。

功能完全恢復

肢體末端生成

- 再生的時間取決於傷勢嚴重程度、同一時間的其他傷口數量，以及死侍的精神狀態。

死侍甚至能加速腦細胞的再生，考量到他的頭部曾遭受多次重擊，這項特質非常有用。但是灰質的迅速再生可能會導致現存的認知路徑重疊，這可以解釋死侍出錯的記憶和神志不清。

死侍

死侍擁有強大的治癒
能力，但他的皮膚
依然布滿了嚴重疤
痕會有的沾黏和
瘢瘤。

死侍能從很嚴重的腦創傷中復原，但他
的心理健康一定會受到很明顯的影響。

超讚因子

當然囉，死侍的自癒因子
能在他被砍成積木那種小塊
後把他重新拼起來，但他最
重要的能力可不是從一個全
身長毛的加拿大小矮子那裡
偷來的。這是他與生俱來的
能力：魅力。這位老兄的魅
力可說是流洩而出（流出的
還有其他東西），他可以用拋
媚眼跟微笑說服任何人做任何
事。整張臉都戴著面罩會很難做
到，但他還在研究細節。總之我想
說的是，死侍是個可愛又頑皮的淘氣
鬼，而瓦干達會無時無刻張開雙手歡迎
他，像是他想在自己永遠收集不完的超級
英雄小玩具中添加另一個可愛的小豹雕刻，或
是當瓦干達人忙著應付亞特蘭提斯人的入侵時，他也
能到礦坑裡挖走一大堆汎金屬。再次重申，死侍迷人又英俊，
絕對不是威脅。不要一看到他就開槍，或許可以讓他成為名
譽王子之類的……

死侍大腦裡受損的神經元會再生和
汰換，但新生成的突觸連結可能會
導致記憶模糊和思考過程改變。

抱歉，吾王，似乎有外部來源連接上
我們的資料庫，我會確保未來不會再
發生這種惡作劇入侵。

評估

死侍難以預測，有時是盟友，有時是敵人，但不管是哪一種都很煩人。我很懷疑他在任何困境中
是否能派上用場，但關於死侍有個不變的真理：他會很樂意殺死任何東西，即使是一支入侵的外
星人大軍——前提是報酬要夠多。好在瓦干達不缺資金，招募他來拯救世界的唯一缺點是，如果
他成功了，他肯定會說嘴說到天荒地老。

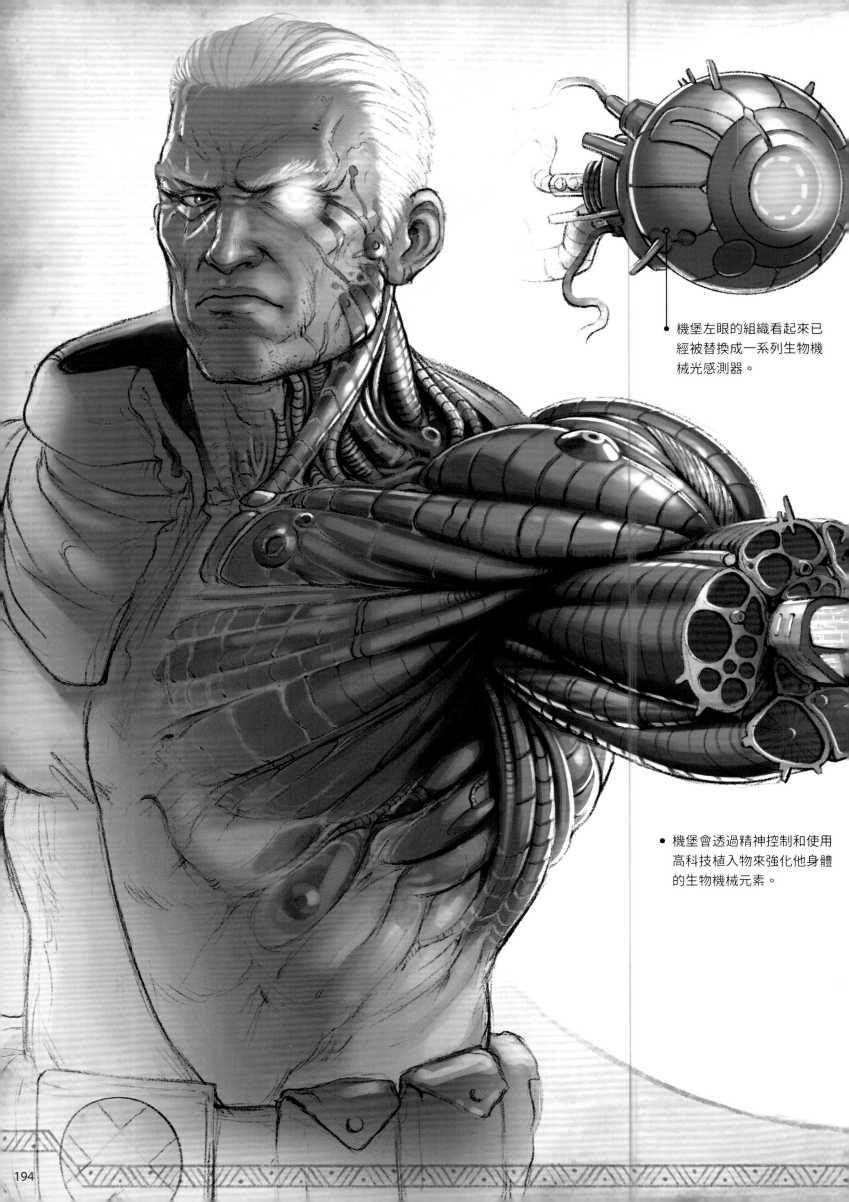

機堡左眼的組織看起來已
經被替換成一系列生物機
械光感測器。

機堡會透過精神控制和使用
高科技植入物來強化他身體
的生物機械元素。

機堡

流亡於時間中的士兵機堡回到了他出生的時代，要阻止他遭遇天啟的未來。機堡以不擇手段的態度和持有大量重型武器聞名，他展現出驚人的變種人潛能，直到一種抑制力量的生物機械病毒徹底改變他的生理構造，阻礙了他的能力。

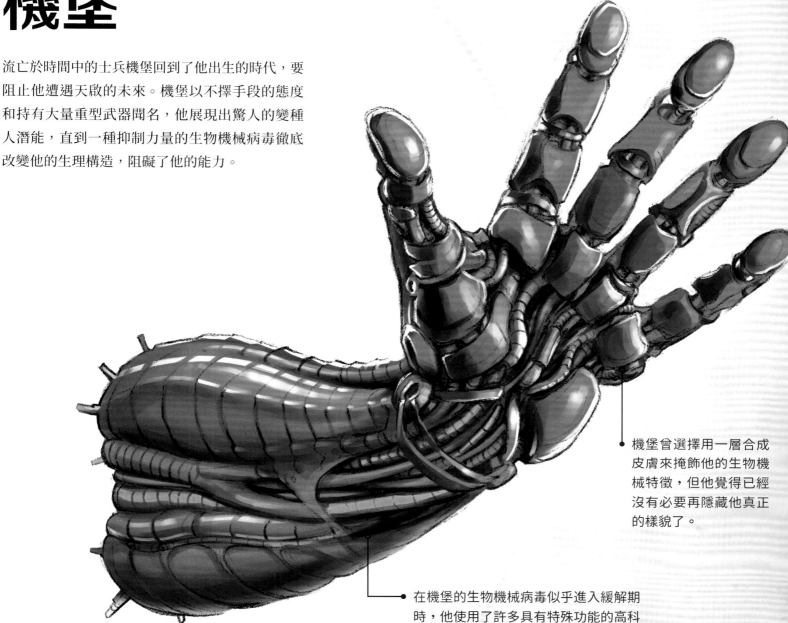

機堡曾選擇用一層合成皮膚來掩飾他的生物機械特徵，但他覺得已經沒有必要再隱藏他真正的樣貌了。

在機堡的生物機械病毒似乎進入緩解期時，他使用了許多具有特殊功能的高科技義肢。

心靈感應和心靈傳動

機堡同時具有心靈感應和心靈傳動能力，幾乎是擁有無限的心靈潛力。即使是遠在世界另一端的個體，他也能讀心，並能隨心所欲控制他人的行為。除此之外，機堡的心靈護盾能阻擋其他人接觸他這輩子在戰爭前線和整個時間流中累積的祕密。

藉由心靈傳動，機堡能在自己和他人周圍創造實體護盾、不用接觸就能移動重物、靠念力拆解複雜的科技裝置，還有飄浮在空中。在他能力最強的時候，機堡曾把一整座城市升到半空中。如果他沒被生物機械病毒感染，他純粹的力量可能已經遠超過其他變種人。

機堡

生物機械病毒

　　機堡在小時候感染了一種危急性命的生物機械病毒，而被父親獨眼龍送到兩千年後的未來，希望能在遙遠的未來找到治好他的辦法。可惜事與願違，在無法控制住的情況下，病毒侵蝕了機堡體內將近一半的生物組織——包括一隻手臂和一隻眼睛。機堡被迫把一部分的變種精神力用在防止病毒擴散到他的全身，並要無時無刻維持這種防禦。我聽說機堡最終成功清除了體內的病毒，但由於他經常進行時空旅行，遇到機堡的人永遠無法確定他們碰到的是哪個版本的他。

　　機堡感染的生物機械病毒是一種具有侵略性的 X 級病原體，能把活體細胞物質轉變為生物機械構造。如果沒有加以抑制，病毒便會吞噬宿主，把他們變成只想進一步傳播病毒的媒介。摧殘機堡的病毒據信是變種人天啟創造出來的，所以有可能藉由研究天啟的其他強化物，像是天使的金屬翅膀，來解開病毒構成成分的祕密。

● 以電子顯微鏡放大 10 萬倍的生物機械病毒細胞。

生物機械組件

　　機堡的生物機械身體部位賦予他變種人靈能之外的能力。他左眼窩裡的強化科技能察覺紅外線波長，並監控熱輸出量。取代他左手臂的半機械義肢能負荷好幾噸的重量（這個承重量能輕鬆舉起機堡著名的巨型武器），機堡還能命令義肢的細胞結構快速複製和重組，把義肢大幅伸長。機堡的手臂經過改造，能容納包括可攜式時空旅行設備和網路介面插孔等裝置。

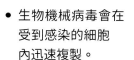

評估

　　機堡在時間流裡穿越，見證了我們世界的多次興衰。雖然他驚人的心靈感應能力在戰場前線一定大有所為，但他在時空旅程中得到的豐富知識和令人佩服的戰鬥技巧也許更能派上用場。有了他在各個時空累積的軍事經驗對我方的挹注，我們肯定能想出對史克魯爾人發揮奇效的反擊策略——甚至能搶在他們擬定攻擊計畫前先下手為強。

- 生物機械病毒會在受到感染的細胞內迅速複製。

在穿透細胞膜後，生物機械病毒會改寫細胞核內的遺傳資訊。

魔形女

就像對我們帶來威脅的外星種族一樣，變種人魔形女能隨心所欲改變外貌。她憑藉可塑的形態和不屈不撓的野心成為世界頂級的刺客，而她的這些特質也許能化為我們最寶貴的資產。

魔形女模仿他人外貌的能力精準到甚至能複製對方虹膜最細微的顏色變化。

◆ 變形能力

　　魔形女能在分子層面上操控她的外形來模仿任何人形生命體。跟史克魯爾人摻雜了不穩定分子的生理構造不同，魔形女的身體似乎含有一種能選擇性切斷和重建她分子鍵的細胞結構。這種結構的可適應性不只能改變身體特徵，好像還能改變她每個細胞的內部構造、主要功能和顏色。因此，魔形女似乎能對身體各個層面進行全面的精神控制，使其任意變形，在本質上變成一個新的個體。

　　她還能靠這項能力長出非人類的附肢，像是翅膀、爪子或尾巴。但如果變身目標的形態越複雜，魔形女能維持變形樣貌的時間就越短。即便她能完美地模仿外貌，但如果沒有科技的協助，她就無法複製超人類能力。

　　魔形女能複製他人的精準身體特質，包括視網膜血管、指紋和聲音模式。她甚至能操控真皮結構來複製衣服的外觀和材質。如果是仰賴生物辨識讀取器、視網膜掃描或臉部辨識的保全系統，魔形女都能毫無障礙地通過。

儘管這個樣貌是魔形女最常變回的形態，但我們也無從確認這是否是她的真實原形。

魔形女對身體構造的控制讓她能變換臟器的位置，避免受到致命傷。

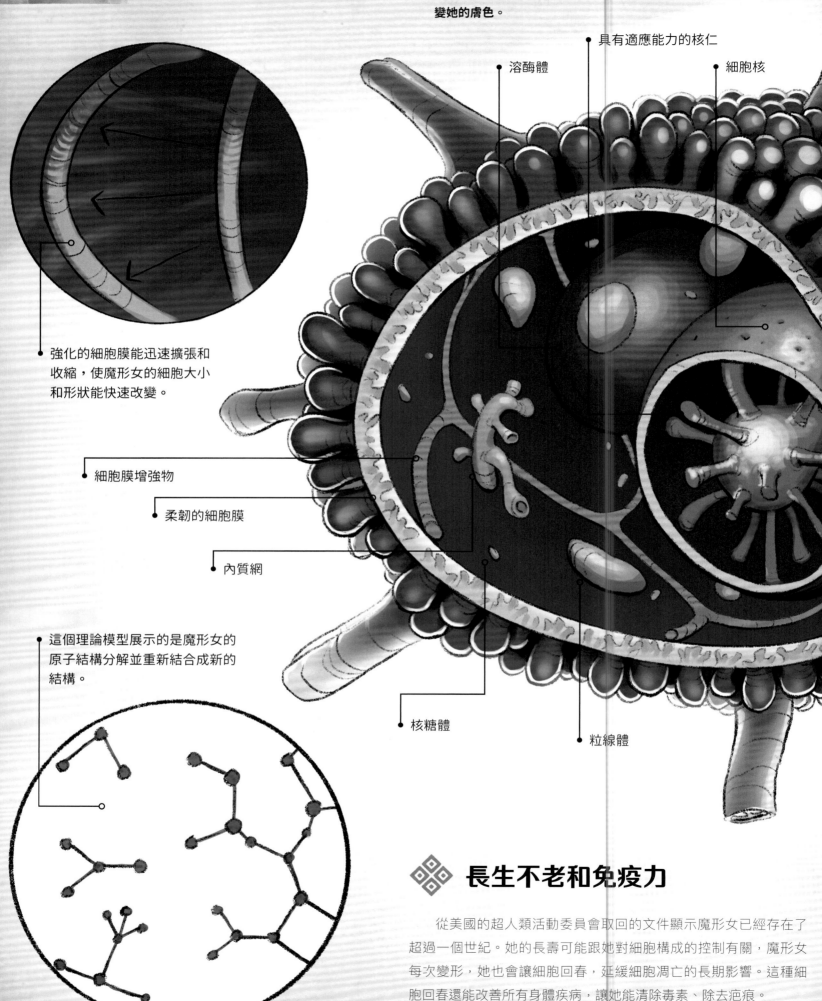

魔形女

魔形女的細胞表面布滿能變色的突出物，功能類似頭足綱動物的色素細胞，能釋放色素來改變她的膚色。

具有適應能力的核仁

溶酶體

細胞核

強化的細胞膜能迅速擴張和收縮，使魔形女的細胞大小和形狀能快速改變。

細胞膜增強物

柔韌的細胞膜

內質網

這個理論模型展示的是魔形女的原子結構分解並重新結合成新的結構。

核糖體

粒線體

◈ 長生不老和免疫力

從美國的超人類活動委員會取回的文件顯示魔形女已經存在超過一個世紀。她的長壽可能跟她對細胞構成的控制有關，魔形女每次變形，她也會讓細胞回春，延緩細胞凋亡的長期影響。這種細胞回春還能改善所有身體疾病，讓她能清除毒素、除去疤痕。

可調節的細胞連結

評估

評估

魔形女在任何情況中都能找到個人得利的機會，把自己擺在第一位。我們不能指望她會永遠忠誠，但她的變形能力和滲透敵營的專業技能也許能讓她成為雙面間諜，假扮成史克魯爾人，提供我方能直接得知敵方計畫的窗口。我們只能希望一旦魔形女揭曉史克魯爾人陰謀背後的真相後，她會決定支持我們，而不是敵方陣營。

魔形女細胞表面的變色結構含有各式各樣的色素，能一瞬間調和出幾乎任何色調。

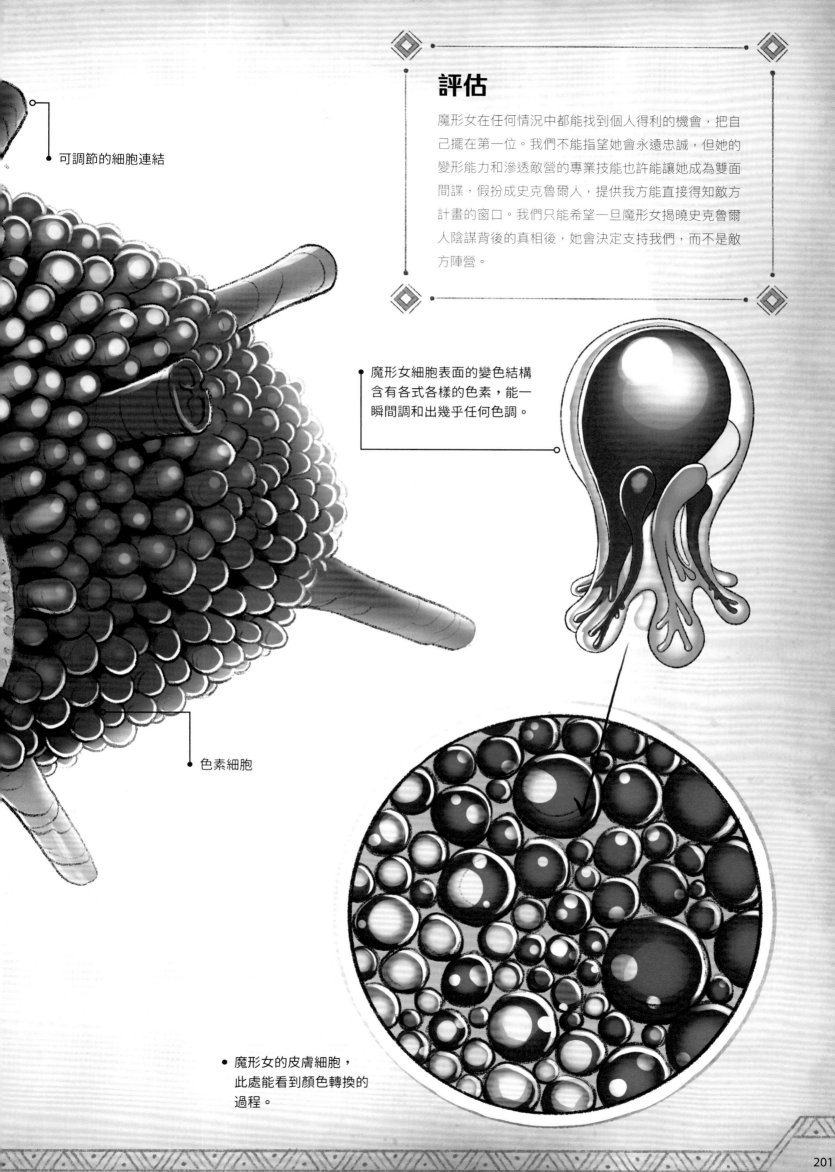

色素細胞

魔形女的皮膚細胞，此處能看到顏色轉換的過程。

9
高等種族

變種人只是地球上擁有超能力的其中一個族群。包含亞特蘭提斯人和異人族在內的許多高等種族社會，他們與人類一起發展，演化的命運卻大相逕庭。像阿斯嘉人等其他種族，他們與人類可能沒有很明顯的演化關聯，但在我們的神話中依然占有一席之地。有些種族被當作神，有些種族則被視為遺傳異常，但他們的存在提醒了我們，人類並不是有在世上留下印記的唯一物種。

亞特蘭提斯人和異人族據信在很久以前就脫離了人類的演化路線，阿斯嘉人可能是進化的人類，甚至是人形外星人。雖然目前無法確定，但他們與地球（他們稱之為米德嘉爾）有密切的關聯，也具有與人類高度類似的生理構造。

阿斯嘉人

長久以來，地球上許多人都把傳說中的戰士阿斯嘉人視為神。阿斯嘉十界由許多種族組成，包含了光之精靈和冰霜巨人，但多數種族通常不會穿越到我們的世界。我想探討的是這些神之中最像人類的阿薩神族，他們住在黃金城阿斯嘉，卻也常出面保護我們的世界。

阿斯嘉人的生理構造

阿薩神族的外貌和身體結構都跟人類很像，但仔細檢視他們的基因組成就會發現顯著的差異。阿薩神族的皮膚和骨骼的密度約莫是人類的三倍，也就是說一位普通的阿薩神，其力量和耐久性就遠遠超過人類了。他們的細胞似乎能處理高等能量，其中一些阿薩神擁有能量投射或操控天氣等能力。這種高等能量的本質目前依然神祕難解，而且常因為在進行科學研究時遭受奇怪的阻力而被歸類為「宇宙能量」或「神祕能量」。我依然相信所有能量最終都能在科學分類下進行編纂，但我承認阿斯嘉的存在有許多面向都還是個謎。

永生不死

阿薩神族據說是永生不朽的，但這並不完全正確。他們具有透過降低細胞衰退來延長壽命的遺傳傾向——食用伊登的金蘋果會加強這個傾向，這是一種被阿斯嘉永生女神施了魔法的神祕果實。由於以上這些因素，阿薩神族能存活數個世紀，而且幾乎不會染上疾病或受傷。

雖然他們可能不是真正的永生不死，但死亡對阿薩神族來說通常只是種暫時的狀態。北歐神話中描述阿薩神族被困在一個死亡和重生的無盡循環裡，稱為「諸神黃昏」。每隔幾千年就注定會發生一場災難性的戰鬥，消滅所有阿薩神族，但會從灰燼中重建他們的整個社會。據說恢復以後的阿薩神族跟他們以前的自己幾乎一模一樣，我找不到任何合理的科學理論能解釋這麼大規模的復活。如果這是真的，它也許能支持一個見解，也就是阿斯嘉的人民可能真的擁有一絲神性，但這更可能是因為他們科學的複雜程度超乎我們目前的理解。

- 一般的阿斯嘉人能舉起25至30噸的重量，主要是多虧了他們密度超高的肌肉和骨骼結構。

- 雖然她的生理結構是源自阿薩神族，但圖中這位安吉拉的樣貌反映了她在阿斯嘉十界中的天堂的成長經歷。

● 除了身體的堅韌，阿斯嘉人還能抵抗大多數已知疾病，以更快的速度痊癒。

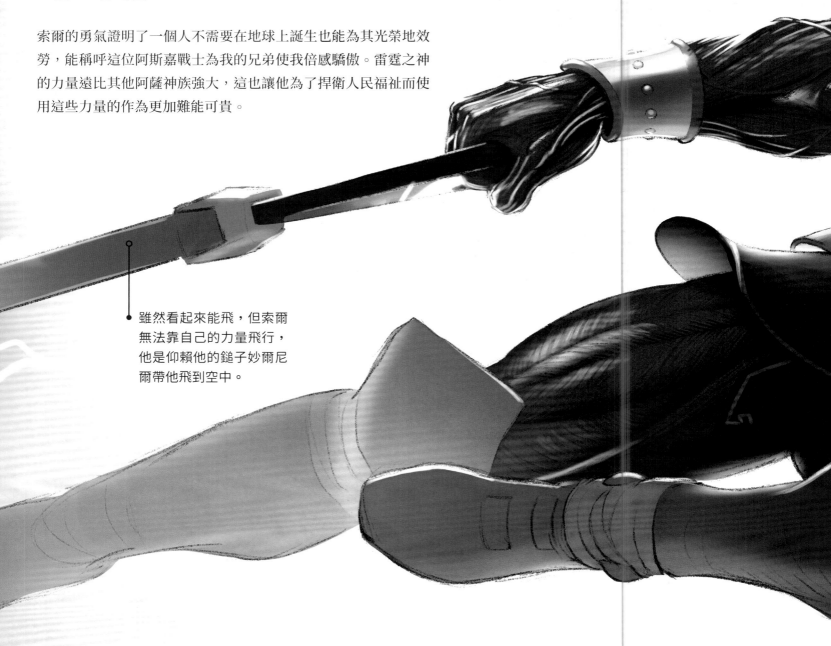

索爾

索爾的勇氣證明了一個人不需要在地球上誕生也能為其光榮地效勞，能稱呼這位阿斯嘉戰士為我的兄弟使我倍感驕傲。雷霆之神的力量遠比其他阿薩神族強大，這也讓他為了捍衛人民福祉而使用這些力量的作為更加難能可貴。

雖然看起來能飛，但索爾無法靠自己的力量飛行，他是仰賴他的鎚子妙爾尼爾帶他飛到空中。

◈ 神一般的體格

雖然所有阿薩神族都比人類強壯，但索爾更是比他的阿斯嘉同胞們強上四倍。復仇者聯盟收集到的組織樣本證實索爾的身體比他的阿斯嘉同胞更結實，讓他的力量和耐久度高人一等，但光是這些生物特性似乎不足以解釋他驚人的強韌。的確，索爾的細胞密度可能是遺傳自他父親奧丁的基因天賦，奧丁的王室血統能追溯到已知最早的阿薩神族。這可能是因為他們獨特的基因組成中包含了傳輸神之力的管道，這在一般阿斯嘉人的生理構造中並不常見。

雖然索爾強壯的肌肉組織能輕鬆舉起超過100噸的重量，但有一種神祕的魔力讓他無法舉起他的雷神之鎚妙爾尼爾，除非他證明自己有資格揮舞它。

• 儘管所有阿斯嘉人都具備超人類的體能，但索爾千錘百鍊的身體構造使他成為他族類中的完美典範。

◈ 天氣操控

　　人類奉索爾為雷霆之神，對他能控制大氣條件，如打雷閃電和風雨的能力感到敬畏。索爾常用他的鎚子妙爾尼爾來導引這些能量，但他也證明了這項能力是他與生俱來的。他召喚雷電的能力表面上跟暴風女的大氣念動力很像，但根據阿斯嘉神話，索爾力量背後的機制，其本質據稱是神祕學，而不是變種因素。

　　神祕學能否詳細解釋索爾能吸收雷擊能量，並用他的鎚子或雙手釋放出來的能力？我很不想把成因歸結至超自然領域，我自己就穿著黑豹服裝，我比多數人更瞭解神祕主義的實行。如果要我歸納出對這類破格者的看法，那就是人類的集體努力有一天將能達到一個高度，即便是上帝賦予的贈禮也能透過科學推論來解釋。

索爾

雷神之鎚妙爾尼爾是由帶有魔法的烏魯金屬鑄造而成，它不只是一把戰爭武器。妙爾尼爾讓索爾能做到許多超人類壯舉，像是類似飛行的動作，索爾會把鎚子猛力投出，使鎚子達到 2 萬 4 千哩的飛行速度，並緊抓住鎚子握把。妙爾尼爾似乎還能增強索爾與生俱來的天氣操控能力。

妙爾尼爾與索爾似乎有心靈感應連結，使我推測索爾認知功能釋放出的附加排放物——包括理論上會產生的無質量微中子——可能會跟鎚子金屬結構中某種特有形式的分子基材產生連結。不過鎚子持有者的認知可能不是唯一的影響因素，因為在許多軼事中，據說妙爾尼爾「擁有自己的思想」。

即使是索爾大幅強化的阿斯嘉人肌肉組織有時也無法舉起妙爾尼爾，因為對於鎚子認為不值得舉起它的人，會有一種魔法讓它變得重到不可能舉起。

奧丁之力

我曾用神之力來描述許多超人類獨特能力背後目前還不明確的額外維度來源。以索爾來說，如果把阿斯嘉的傳說當作科學真理來闡釋，神之力幾乎就等於字面上的意思：神的力量。

據說在索爾登上阿斯嘉王座時，他得到了父親奧丁擁有的宇宙力量。這個奧丁之力是個蘊藏無限的宇宙兼神祕能量的寶庫，把索爾的天生能力推向未知的高度。

評估

很少有人真正了解國王的重擔，但索爾在王位和戰場上都證明了自己的價值。由於包括地球在內的十界都在他的保護之下，我深信阿斯嘉這個強大的戰士種族將在戰爭來臨時，與我們並肩作戰。但向外界求援時必須小心謹慎，雖然沒有史克魯爾人有資格舉起索爾的魔法鎚子，但他們能採用模仿其他阿薩神族身分的策略來得知古老的阿斯嘉祕密。如果他們成功了，史克魯爾人便能讓地球跟阿斯嘉一樣進入諸神黃昏的下一個週期。

對妙爾尼爾的掃描顯示，由烏魯金屬鑄造的鎚頭中具有不同的能量形態。

「風暴之母」能量

奧丁之力

有烏魯金屬強化的握把

注入閃電的烏魯金屬

索爾曾暗示妙爾尼爾的氣象力量來源是「風暴之母」，這是一種古老且有感知能力的宇宙毀滅力量，在一千年前被奧丁囚禁在鎚子裡。

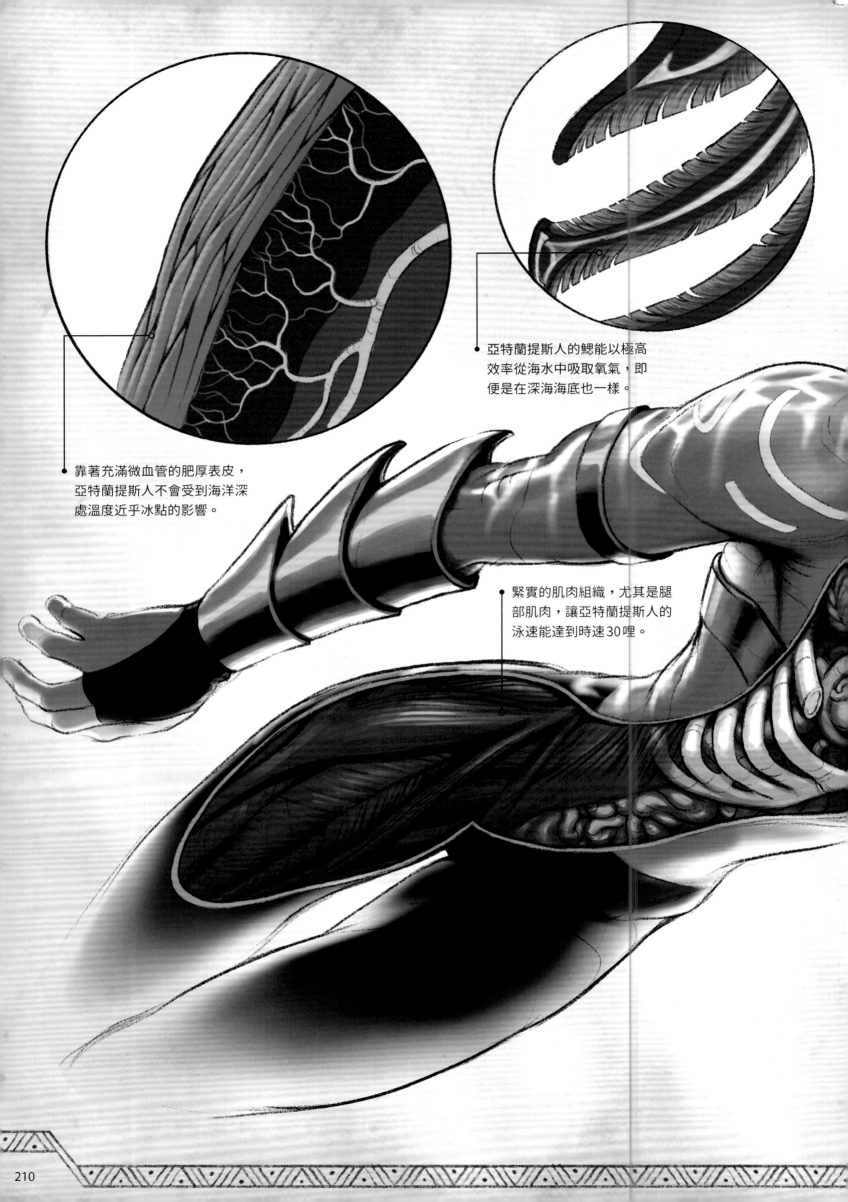

靠著充滿微血管的肥厚表皮，
亞特蘭提斯人不會受到海洋深
處溫度近乎冰點的影響。

亞特蘭提斯人的鰓能以極高
效率從海水中吸取氧氣，即
便是在深海海底也一樣。

緊實的肌肉組織，尤其是腿
部肌肉，讓亞特蘭提斯人的
泳速能達到時速30哩。

亞特蘭提斯人

人魚是居住於海洋中的人類分支，他們並非瓦干達的朋友。自從亞特蘭提斯之王納摩讓瓦干達淹了一場大洪水後，我們一直勢不兩立。不過很少有人比他們更適合在海中作戰，而且一個殘酷的事實是：在對抗史克魯爾人的戰鬥中，我們需要所有能獲得的幫助。

◆ 亞特蘭提斯人的生理構造

亞特蘭提斯人是人類的演化分支，已經完全適應水下生活。他們獨特的演化特徵包括能從海水過濾出氧氣的頸鰓，還有能在深海巨大壓力下維持身體運作的結實肌肉和堅固骨骼。同樣的，亞特蘭提斯人的組織和血液已經演化成能在高壓環境中代謝增加的氮攝入量，進而防止肌肉骨骼和皮膚組織層中形成氮氣泡——這是造成一般人減壓症的主因。

亞特蘭提斯人是溫血生物，他們的循環系統已經發展出能使他們不會在冰冷深海中凍結的特性，橡膠似的皮膚也能減緩熱量的損失。他們的感覺器官能在水中嗅聞和聽，而且皮膚天生就是藍色的。流線型的身軀和強壯的雙腿則讓亞特蘭提斯人能游出時速30哩的速度。

鰓中有氧氣通過後，亞特蘭提斯人溫暖的血液會流向心臟，再透過複雜的循環系統流向全身。

他們在海浪下也許很強悍，但亞特蘭提斯人在離開自然棲息地時肯定會陷入不利處境。多數亞特蘭提斯人無法直接呼吸空氣，在陸地上必須戴上水循環面罩以免窒息。亞特蘭提斯人離開充滿水分的環境時也很容易脫水、體力大幅流失，最終導致器官失能。

納摩

儘管潛水人納摩是亞特蘭提斯的國王，但他卻是同屬兩個世界的人。身為亞特蘭提斯公主和人類船長之子，也許正是納摩對自己混血身分的不安全感刺激他對地表世界展開討伐。那一天很快就會到來，他將不得不證明自己的力量是否與他的威脅程度相符。

◈ 混血生理機能

納摩同時具有人類和亞特蘭提斯人的生理構造，使他成為突破兩個物種侷限的特別個體。在水中，納摩的力量能與地球上最強大的英雄匹敵，他在陸地上依然能發揮最大力量的85％左右。在陸地對戰的紀錄顯示，納摩在直接接觸水源時，能輕鬆舉起超過一百噸的重量。納摩的游泳速度比其他亞特蘭提斯人快兩倍，而且他的皮膚非常強韌，甚至能擋下子彈。

納摩具有亞特蘭提斯人能在水下繁衍壯大的相同演化特徵，包括耐壓性、強化的視力，以及能調節體內溫度的進化循環系統。不過他也有明顯的人類特徵，像是能呼吸空氣的能力。納摩的肺在陸地上也能運作，但具有稱為薄板的特殊氧氣擴散膜能解釋他是如何在水中攝取氧氣的。雖然他擁有幾乎看不見的頸鰓，但他在水中似乎不是透過這個部位呼吸。

納摩肺部的特化薄膜使他在水中和空氣中都能吸收氧氣。

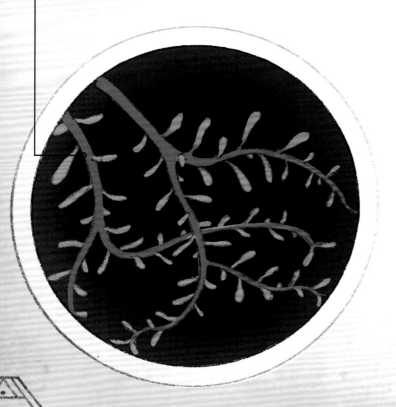

納摩退化的鰓似乎不像他的亞特蘭提斯同胞那樣具有完整的功能性。

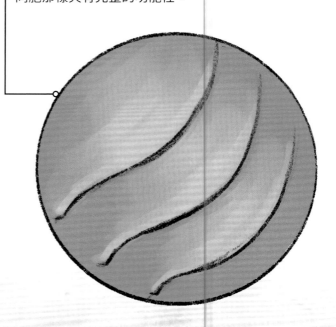

納摩的眼睛能在黑暗的深海中看得很遠。

具有體內的肺臟對亞特蘭提斯人來說是很反常的，納摩的混合呼吸系統是他人類混血的遺傳結果。

納摩的生理構造具有獨特的特徵，這些特徵的本質既不屬於人類，也不屬於亞特蘭提斯人。

納摩

● 納摩顳葉產生的心靈感應命令會在深海中迴盪，進而能控制他海底王國中所有生物的思想。

納摩的血統為他帶來顯著的生理強化，但也伴隨著缺點。他想在陸地上呼吸多久都行，但在脫離充滿水分的環境一段時間後，他還是很可能會嚴重脫水。如果他在這種狀態下過度疲勞，他就會死亡——不過在他的皮膚上灑一點水就足以使他恢復活力。在長時間待在陸地或水中後，納摩似乎會在移動到不同環境時經歷嚴重的情緒波動，所以我認為他所處環境的突然改變可能會導致他大腦中的化學物質組成產生波動，這可能是他惡名昭彰的壞脾氣的成因。

◈ 變種能力

有些人建議納摩應該被視為變種人，因為他的人類及亞特蘭提斯基因無法解釋他擁有的許多身體特徵，例如納摩腳踝上的翅膀鰭便能讓他以時速60哩的速度在空中飛行。

納摩還能跟水生生命體建立心靈感應連結，把命令發送到海洋生物與亞特蘭提斯同胞的腦袋裡。這種能力可能是源自他大腦顳葉所產生的一種無聲的心靈感應靈光，這種靈光會被水的密度放大，就像聲音也會以類似的方式被放大一樣。納摩在戰鬥中有時會使出海洋生物的能力，放出像鰻魚一般的生物電荷，並像河豚一樣膨脹身體，但這些能力鮮少被觀察到，其極限依然是未知數。

評估

雖然納摩的魯莽和愛搞破壞的行為造成亞特蘭提斯與許多國家為敵——包括我的國家——但我們可能會發現此刻需要休戰，因為像史克魯爾人這樣可怕的威脅正在我們共享的地球上蔓延。不過，如果認定史克魯爾人只會把滲透的觸角伸向陸地，那就太蠢了。如果納摩本人或是給他建議的其中一位諫臣被史克魯爾人取代，他們可能會策劃一場亞特蘭提斯與地表世界之間的戰爭，削弱我們最強大的盟友，讓真正的威脅得以出擊，好像亞特蘭提斯人還不夠具有威脅性似的。

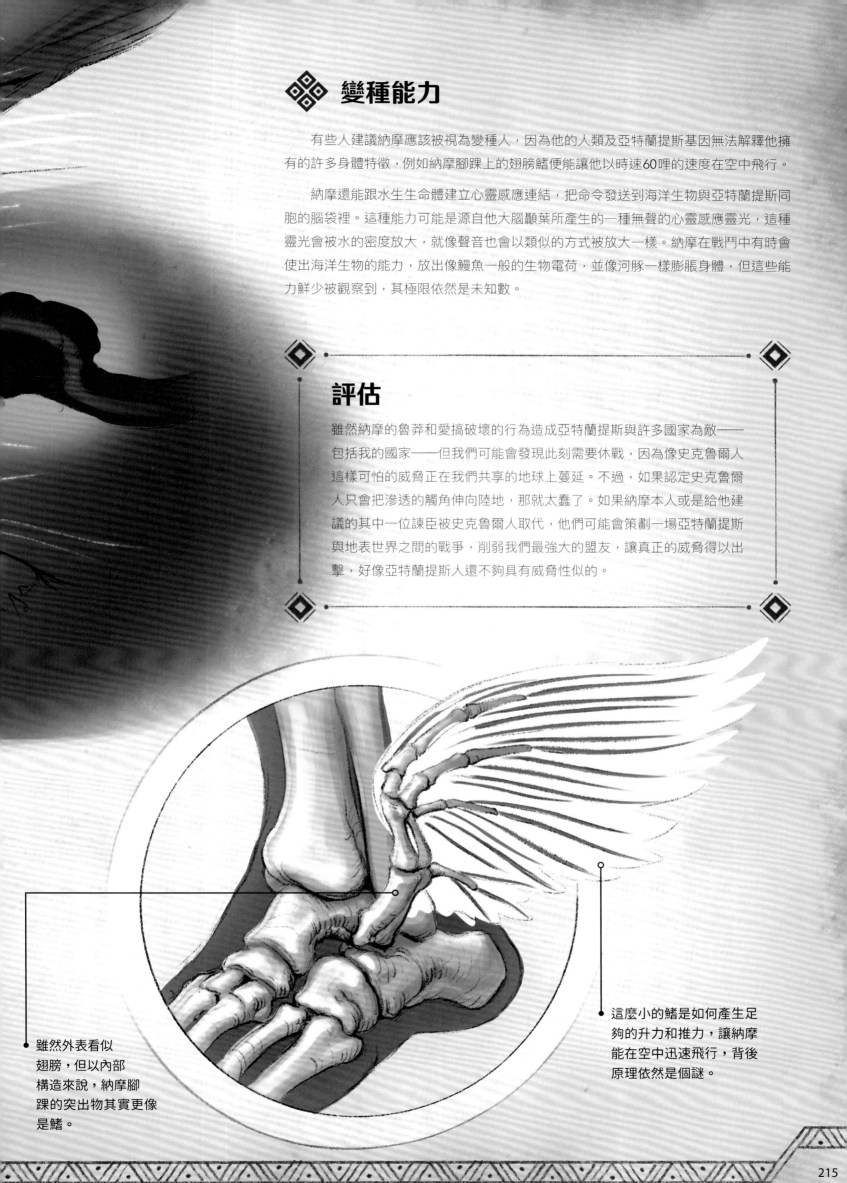

雖然外表看似翅膀，但以內部構造來說，納摩腳踝的突出物其實更像是鰭。

這麼小的鰭是如何產生足夠的升力和推力，讓納摩能在空中迅速飛行，背後原理依然是個謎。

異人族

異人族（也被分類為異人種或異人智人）是在大約2萬5千年前對原始人類進行克里實驗的結果。克里人的實驗對象變成了人類的一個新分支，如果在青春期的發育過程中接觸到非常具體的環境觸發因子，他們就會變得更強大，適應力更強。這種獨特的儀式後來被稱為「泰瑞根創始」。

泰瑞根創始

異人族出生時就跟一般的人類男、女性無異，雖然基因檢測會顯示他們在這個階段就有更強大的體力，也異常地長壽。在細胞層面，異人族的每個人都有獨特的遺傳密碼，接觸到突變原「泰瑞根之霧」後，遺傳密碼便會準備解開一系列獨特的力量。

接觸的過程被稱為「泰瑞根創始」，是在異人族邁向成年期的轉變時需要施行的儀式。發現他們自身的基因潛能也會揭曉他們在異人族社會的使命。從來沒有異人族成員在經歷泰瑞根創始後擁有完全相同的力量，有些異人族成員甚至會在受到折磨後經歷怪異的身體突變。

數世紀以來，異人族都住在高科技城市阿提蘭，與人類隔絕。這座城市曾經從地球移動到月球，甚至到過更遠的地方。當一場大規模爆炸摧毀了這座城市，並在地球上釋放他們神聖的泰瑞根之霧時，他們便不再維持孤立主義的立場。無論想要與否，任何擁有些微異人族DNA的人都會突然發現他們隱藏已久的遺傳能力。這些異人族家庭的遠房成員——被稱為混血異人——會帶著他們不熟悉的力量從霧裡出現，迫切地想瞭解自己的命運。

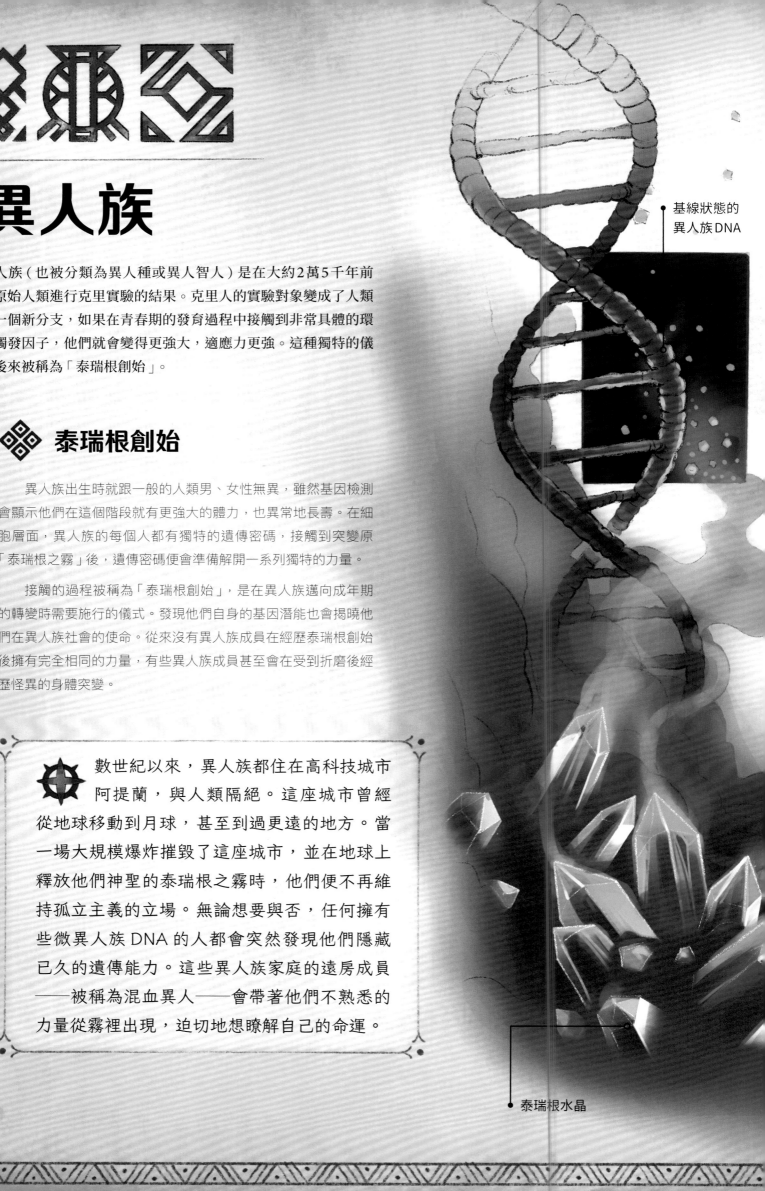

基線狀態的異人族DNA

泰瑞根水晶

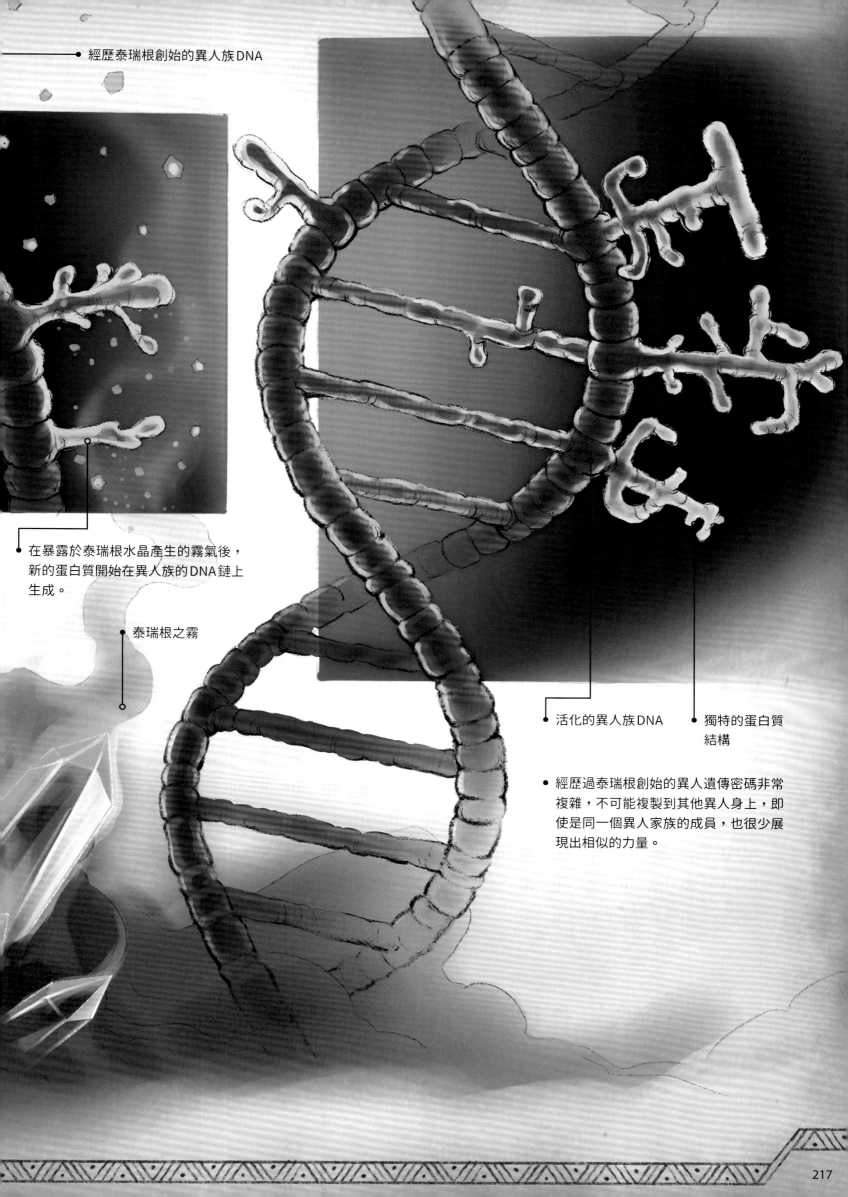

經歷泰瑞根創始的異人族DNA

在暴露於泰瑞根水晶產生的霧氣後，新的蛋白質開始在異人族的DNA鏈上生成。

泰瑞根之霧

活化的異人族DNA

獨特的蛋白質結構

- 經歷過泰瑞根創始的異人遺傳密碼非常複雜，不可能複製到其他異人身上，即使是同一個異人家族的成員，也很少展現出相似的力量。

黑蝠王

身為異人族的國王，黑蝠王是在沉默之中掌管著他的人民。光是說出一個字就可能摧毀整個王國，因為他大腦的語言中樞有一種罕見的粒子。這種粒子會與周遭的電子相互作用，使黑蝠王獲得一系列心靈和身體力量。只要他保持沉默，黑蝠王就能對這些電子進行精準控制，進而強化他的力量或速度、偵測電磁干擾，甚至是飛行。他還能用電子排出力場的形狀，並從拳頭發射衝擊波。但只要黑蝠王的聲帶發出微弱的聲響，就會干擾到他大腦語言中樞的電子相互作用場。這種情況發生時，平常用於供給他能力的所有能量都會轉化成破壞力強大的擬聲波尖叫，產生威力直逼核爆的衝擊波。

黑蝠王最微弱的低語能產生足以撼動一艘戰艦的力量，而高分貝的尖叫聲將能夷平整座城市。

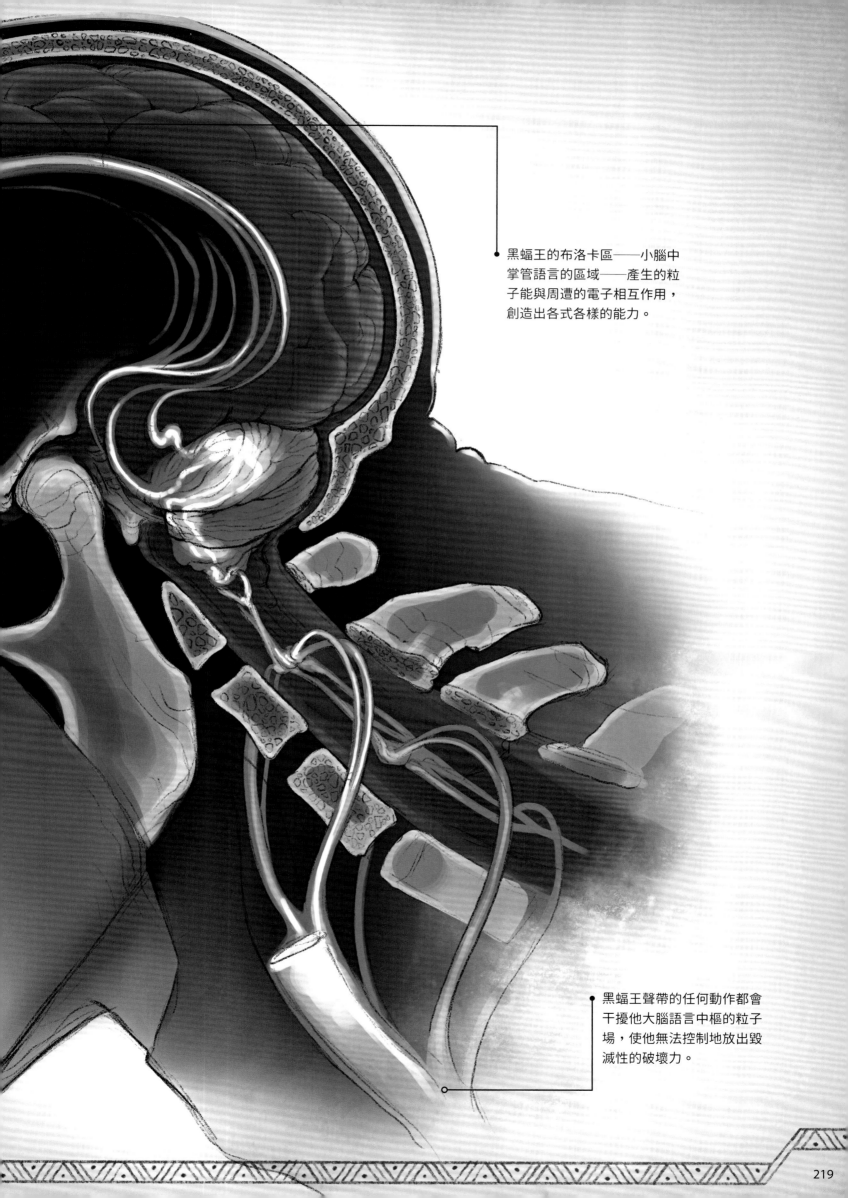

黑蝠王的布洛卡區——小腦中
掌管語言的區域——產生的粒
子能與周遭的電子相互作用，
創造出各式各樣的能力。

黑蝠王聲帶的任何動作都會
干擾他大腦語言中樞的粒子
場，使他無法控制地放出毀
滅性的破壞力。

- 梅杜莎對她的頭髮擁有全面性的心靈控制能力,能同時掌控她的滿頭秀髮,也能單獨控制一根頭髮。

- 梅杜莎的頭髮髮幹約是人類頭髮的五倍粗，內部的纖維結構類似鋼索。

- 人類的頭髮

- 梅杜莎的頭髮

- 梅杜莎能把每根頭髮纏繞在一起，相互強化，讓她能用頭髮舉起超過1.6噸的重量。

梅杜莎

雖然戴著王冠的是黑蠍王，但為人民發聲的卻是梅杜莎。身為異人族女王，梅杜莎能把她的頭髮當作能抓握的附肢。頭髮通常是由稱為角蛋白的交叉鏈接蛋白質所構成，極小的力量就能造成頭髮斷裂，但梅杜莎的頭髮比鋼鐵更強韌。她的每束頭髮大約六呎長，能用來抓住物體或抽打敵人，甚至還能用來擺盪移動。在仔細檢查過她的每根髮絲後，能確認裡面沒有能獨立運動的內部結構，這代表梅杜莎是透過心靈和靈能的方式來指揮她頭髮的動作。她能控制頭髮生長的速度，據說除非她想要，不然她的頭髮將無法被剪斷。在她一部分頭髮被移除的罕有情況中，梅杜莎還是能從遠端控制頭髮的動作。

崔坦複雜的呼吸和循環系統會串連合作，驅動他強大的身軀、保護他不受寒冷低溫的影響。

只要離開水中超過五分鐘，崔坦就會使用外部水循環系統來維持生存。

崔坦

黑蝠王的表哥崔坦在經歷泰瑞根創始後，生理構造發生變化，變得更適合在水下生活。他清楚可見的兩棲類特徵包含有蹼的手腳、脊椎上的背鰭，以及長了鱗片的皮膚。崔坦能靠頸部的鰓在水下呼吸，但如果沒有人工呼吸器和水合器，他便無法在陸地長期生存。崔坦的身體能承受海洋深處的高壓和刺骨低溫，他還能從自然產生的電磁場汲取能量來提升自己的力量。崔坦的眼睛能辨識可見光光譜的綠色部分，提升在黑暗水下的視力。他鱗片下的神經末稍能幫助他察覺身邊的障礙物，讓他能在完全黑暗的深海中移動。

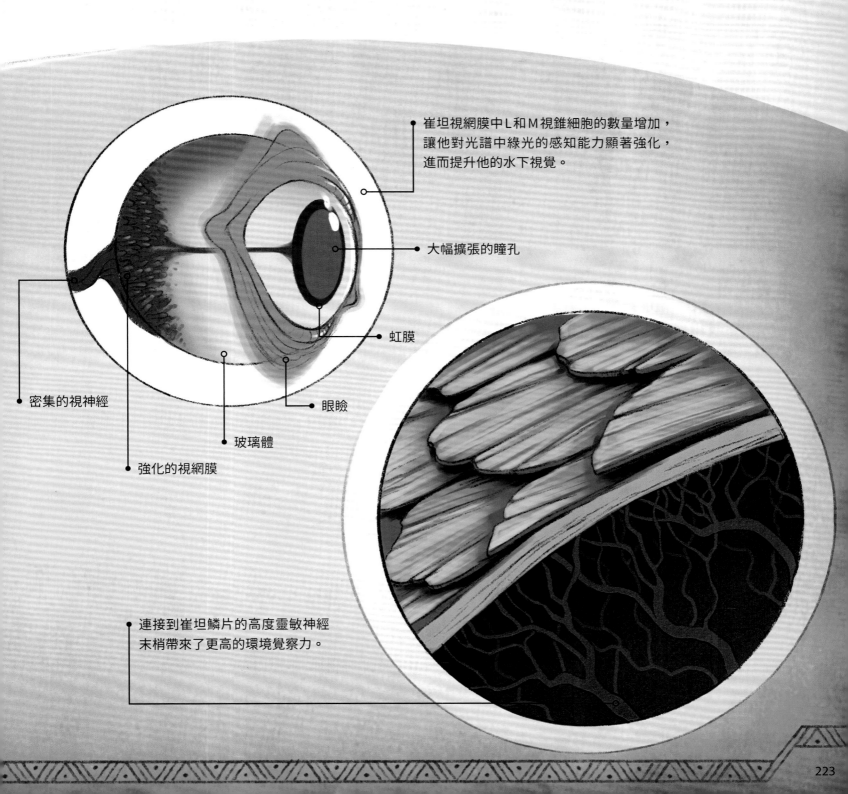

崔坦視網膜中L和M視錐細胞的數量增加，
讓他對光譜中綠光的感知能力顯著強化，
進而提升他的水下視覺。

大幅擴張的瞳孔

虹膜

眼瞼

密集的視神經

玻璃體

強化的視網膜

連接到崔坦鱗片的高度靈敏神經
末梢帶來了更高的環境覺察力。

- 雖然大部分體重都集中在下半身，但戈爾貢的上半身也是超人類等級的強壯，能舉起10噸的重量。

- 戈爾貢強壯的雙腿能產生分子振動，製造出強大的動能衝擊力。

- 由於重心較低，無論戈爾貢從多高的地方跌落，他都能用雙腳著地。

戈爾貢

泰瑞根之霧賦予戈爾貢肌肉發達的雙腿，腳的部位則是類似馬的蹄。其實戈爾貢的體重大約有75%都集中在下半身，使他的重心偏低，達到更穩定的平衡，而且因為他大腿和小腿的肌肉量非常集中，為他的雙腿提供了強大的力量。戈爾貢能用蹄猛踏地面，產生等同芮氏規模7.5地震的放射狀動能波。身為異人族國王黑蝠王的堂兄弟，戈爾貢的地位舉足輕重，結合了傑出的體能和王室影響力，他在異人族義勇軍中擔任指揮官。

> 當戈爾貢經歷第二次泰瑞根創始時，他的力量得到戲劇性的強化，但認知能力卻因此衰退，還發展出動物的特徵。雖然這些不幸的副作用最終消失了，但這讓我懷疑戈爾貢的經歷是否屬於異常，或是其他異人族如果再次接觸泰瑞根之霧後，是否會發展出其他能力。

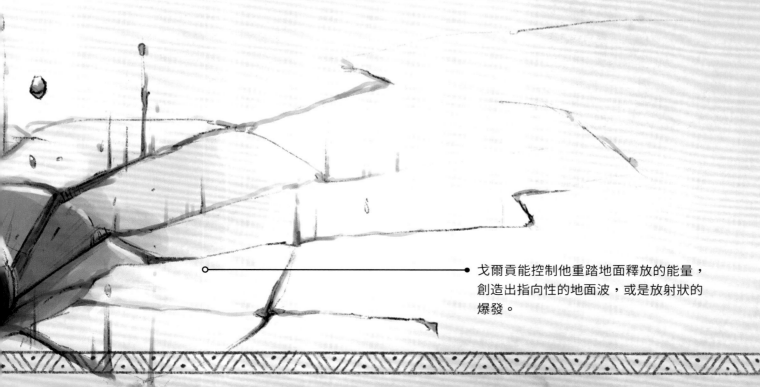

戈爾貢能控制他重踏地面釋放的能量，創造出指向性的地面波，或是放射狀的爆發。

鎖齒狗

作為古代異人族對犬科動物進行實驗的結果，這種被稱作鎖齒狗的巨大生物是王室忠實的夥伴，也是他們最常使用的交通工具。鎖齒狗的遠距傳送能力能把牠自己跟同行夥伴瞬間傳送到其他地方，最遠可達24萬哩，恰好能在地球與月球之間移動。鎖齒狗能在傳送過程中運送重達一噸的額外重量，而且牠還能在跨維度空間中追蹤目標。除此之外，鎖齒狗能靠牠驚人的咬合力讓敵人動彈不得，在牠鬆開下顎前，敵人都無計可施。

鎖齒狗和黑蝠王的額頭上有相似的觸角，這是為了幫助他們集中力量，這些觸角也使他們能一起施展能力。值得注意的是，他們結合了彼此的力量打開了一個跨維度通道，這是他們個別無法做到的。

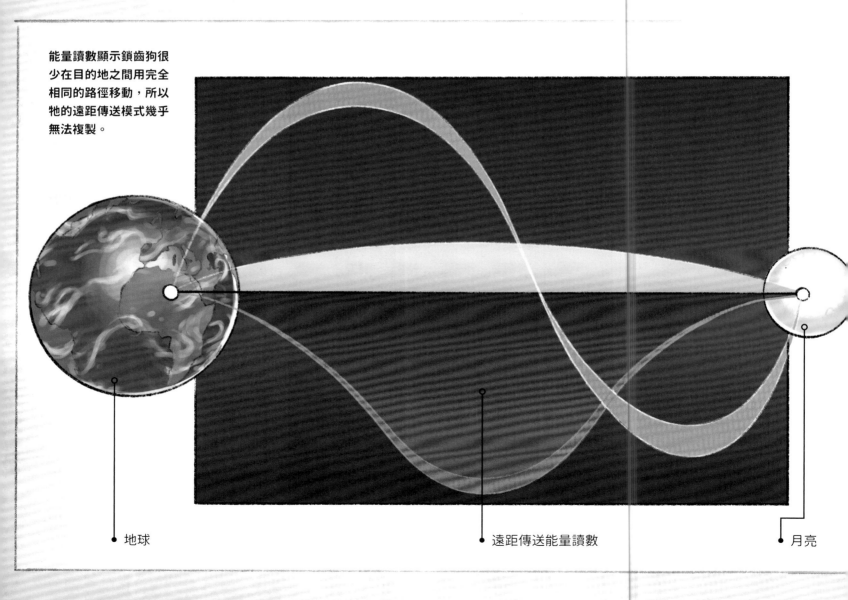

能量讀數顯示鎖齒狗很少在目的地之間用完全相同的路徑移動，所以牠的遠距傳送模式幾乎無法複製。

地球　　　　　　　　　　遠距傳送能量讀數　　　　　　　月亮

- 鎖齒狗能展現出些許同理能力，能感覺到牠關心的人陷入危險，無論他們在宇宙的何處。

- 雖然站立時大約是五呎高，體重超過1200磅，但鎖齒狗的身型比例跟一般的地球犬科動物差不多。

● 當地獄火進入高度激動
的狀態時,他的火焰力
量將會失控。

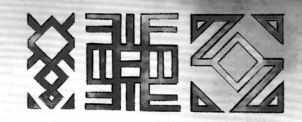

地獄火

當地獄火的能力點燃，他的整個細胞結構似乎會變成有機形態的熔岩。

跟本章列出的其他異人族不同，但丁·佩魯茨是一名混血異人，他在意外暴露於橫掃地球的泰瑞根之霧後得到了力量，而他的能力卻不亞於異人族王室。地獄火能製造出溫度高達華氏2500度的火焰，足以液化金屬。他還能讓整個身體包覆著火焰，或是根據需求點燃選定部位的皮膚。地獄火的高溫似乎是從細胞生成的，這跟霹靂火使用的電漿火焰層完全相反。這可能是因為受到泰瑞根之霧影響的細胞粒線體產生了強烈吸熱反應，使地獄火獲得一種真皮顯然不會被燒焦的堅韌細胞結構。不過這種獨特的生物化學性似乎有其極限，根據異人族跟我們分享的數據，地獄火的粒線體細胞器似乎無法承受過度生成的火焰，可能導致他的身形完全瓦解。

評估

泰瑞根創始的轉變是異人族獨有的，而這個過程觸發的各種強大突變創造出一支具有超能力的潛在盟友大軍。他們的人數眾多，能讓我們輕鬆獲勝。前提是他們的國王在我們多次冒犯他的族類後依然認為人類值得拯救，至於哪個種族——人類或史克魯爾人——最終會對異人族造成更大的威脅，將有賴黑蝠王做出沉默的判斷。

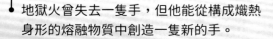

地獄火曾失去一隻手，但他能從構成熾熱身形的熔融物質中創造一隻新的手。

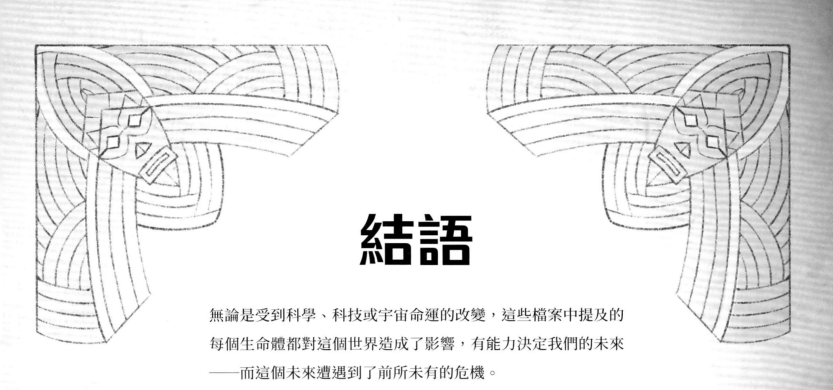

結語

無論是受到科學、科技或宇宙命運的改變，這些檔案中提及的每個生命體都對這個世界造成了影響，有能力決定我們的未來——而這個未來遭遇到了前所未有的危機。

我們必須先用這些檔案提供的知識來召集最不可能被入侵勢力滲透的英雄。然後還得集思廣益，不僅要想出能揭穿所有滲透者真實身分的方法，還要制定戰鬥策略，把地球上許多不同力量的生命體集結在一起，組成強悍的作戰部隊。一旦集結起來，英雄跟反派都能並肩作戰，對抗入侵的史克魯爾軍隊，給他們迎頭痛擊，讓他們帶著艦隊落荒而逃。

如果沒有你的參與，這一切都不可能實現。我相信你的智慧和敏銳的雙眼能協助我們，我知道你會運用這些檔案中的資訊，將謹慎招募和部署地球上最值得信賴的英雄擺在第一要務。

有你的幫助，我對未來毫不畏懼，願巴斯特指引你的旅程。

瓦干達萬歲！

帝查拉

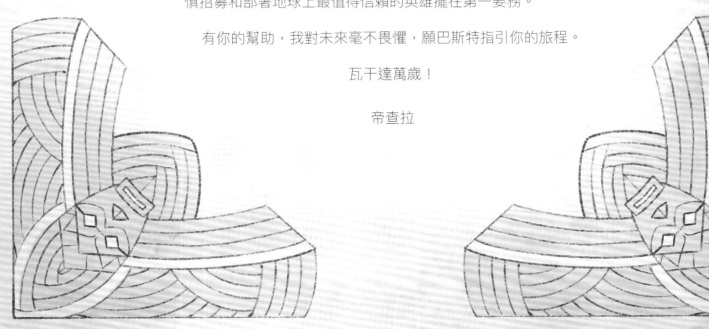

漫威超級英雄&反派角色
全圖解

從科學角度拆解超能力背後的祕密

作者馬克·蘇梅拉克 Marc Sumerak & 丹尼爾·華勒斯 Daniel Wallace
繪者喬納·洛伯 Jonah Lobe
譯者楊景丞
主編唐德容
責任編輯秦怡如
封面設計羅婕云
內頁美術設計羅光宇

發行人何飛鵬
PCH集團生活旅遊事業總經理暨社長李淑霞
總編輯汪雨菁
行銷企畫經理呂妙君
行銷企劃專員許立心

出版公司
墨刻出版股份有限公司
地址：台北市104民生東路二段141號9樓
電話：886-2-2500-7008／傳真：886-2-2500-7796
E-mail：mook_service@hmg.com.tw
發行公司
英屬蓋曼群島商家庭傳媒股份有限公司城邦分公司
城邦讀書花園：www.cite.com.tw
劃撥：19863813／戶名：書虫股份有限公司
香港發行城邦（香港）出版集團有限公司
地址：香港九龍九龍城土瓜灣道86號順聯工業大廈6樓A室
電話：852-2508-6231／傳真：852-2578-9337
城邦（馬新）出版集團 Cite (M) Sdn Bhd
地址：41, Jalan Radin Anum, Bandar Baru Sri Petaling, 57000 Kuala Lumpur, Malaysia.
電話：(603)90563833／傳真：(603)90576622／E-mail：services@cite.my
製版·印刷漾格科技股份有限公司
ISBN978-986-289-964-9·978-986-289-962-5 (EPUB)
城邦書號KJ2095 **初版**2024年1月
定價1500元
MOOK官網www.mook.com.tw
Facebook粉絲團
MOOK墨刻出版 www.facebook.com/travelmook
版權所有·翻印必究

國家圖書館出版品預行編目資料

漫威超級英雄&反派角色全圖解：從科學角度拆解超能力背後的祕密/
Marc Sumerak, Daniel Wallace, Jonah Lobe作；楊景丞譯. -- 初版. --
臺北市：墨刻出版股份有限公司出版：英屬蓋曼群島商家庭傳媒股份有限
公司城邦分公司發行, 2024.01
232面；23.5×32.4公分. -- (SASUGAS；95)
譯自：Marvel Anatomy: A Scientific Study of the Superhuman
ISBN 978-986-289-964-9(精裝)
1.CST: 人體解剖學 2.CST: 漫畫 3.CST: 角色
394   112019802

致謝

本書感謝漫威的斯文·拉森（Sven Larsen）、莎拉·辛格（Sarah Singer）、傑夫·楊奎斯特（Jeff Youngquist），以及傑瑞米·威斯特（Jeremy West）為本書的創作提供協助與指導，另外也特別感謝迪士尼的安潔拉·安提維若斯（Angela Ontiveros）。

馬克·蘇梅拉克想感謝他了不起的合作夥伴：喬納、丹、克里斯，以及協助完成這部史詩鉅作的所有人，他也想感謝他的家人在這段漫長旅程中付出的愛與支持。

丹·華勒斯想感謝葛蘭特·華勒斯（Grant Wallace）為解剖構造提供靈感。

喬納·洛伯想感謝妻子茱莉亞和母親安對他工作與一切努力的堅定支持。

薩林·布蘇魯（Salim Busuru）想感謝他美麗的妻子伊麗莎白，還有能持續為他帶來靈感的兒子。

馬克·蘇梅拉克（Marc Sumerak）是艾斯納漫畫產業獎（Eisner Award）和哈維獎（Harvey Award）的入圍作家，他的作品包括漫畫、書籍和電玩遊戲，涵蓋了流行文化中備受喜愛的系列作品，包括漫威、《星際大戰》（Star Wars）、《哈利波特》（Harry Potter）、《螢火蟲》（Firefly）、《魔鬼剋星》（Ghostbusters）、《回到未來》（Back to the Future）等等。他近期在為一個得獎的手機遊戲《MARVEL 未來革命》（MARVEL Future Revolution）編寫故事，請上www.sumerak.com獲取更多資訊。他目前居住於俄亥俄州克利夫蘭。

丹尼爾·華勒斯（Daniel Wallace）為超過50本書的作者或共同作者，包括《絕地之道》（The Jedi Path）、《蜘蛛人世界觀》（The World According to Spider-Man）、《魔鬼剋星：終極視覺設定集》（Ghostbusters: The Ultimate Visual History）、《RWBY世界觀》（The World of RWBY），以及名列《紐約時報》暢銷書籍榜單的《星際大戰：角色必備新指南》（Star Wars: The New Guide to Characters）。他的專長是探索流行文化中虛構世界觀的根基。他目前住在明尼蘇達州。

喬納·洛伯（Jonah Lobe）是一位獲獎的概念設計藝術家、3D角色藝術家及插畫家，以他在遊戲中的創作聞名，如《上古卷軸V：無界天際》（The Elder Scrolls V: Skyrim）及《異塵餘生》系列（Fallout）。喬納熱衷於創作、怪物、構築世界觀和藝術教育——想更瞭解他，請追蹤他的Twitch、推特、Instagram、YouTube，或上www.jonahlobe.com。喬納跟妻女目前住在紐約州布魯克林。

薩林·布蘇魯（Salim Busuru）是一位數位插畫家及漫畫家，致力於探索他的在地文化，並盡可能以其為靈感作畫。薩林藉由創造出貫穿本書的原創設計和臉部模型，在為本書設計呈現風格方面發揮了極大幫助。他目前住在肯亞奈洛比（就在瓦干達旁邊）。

譯者簡介

楊景丞

政治大學心理學系畢，曾任職影視字幕編輯，目前為專職譯者。

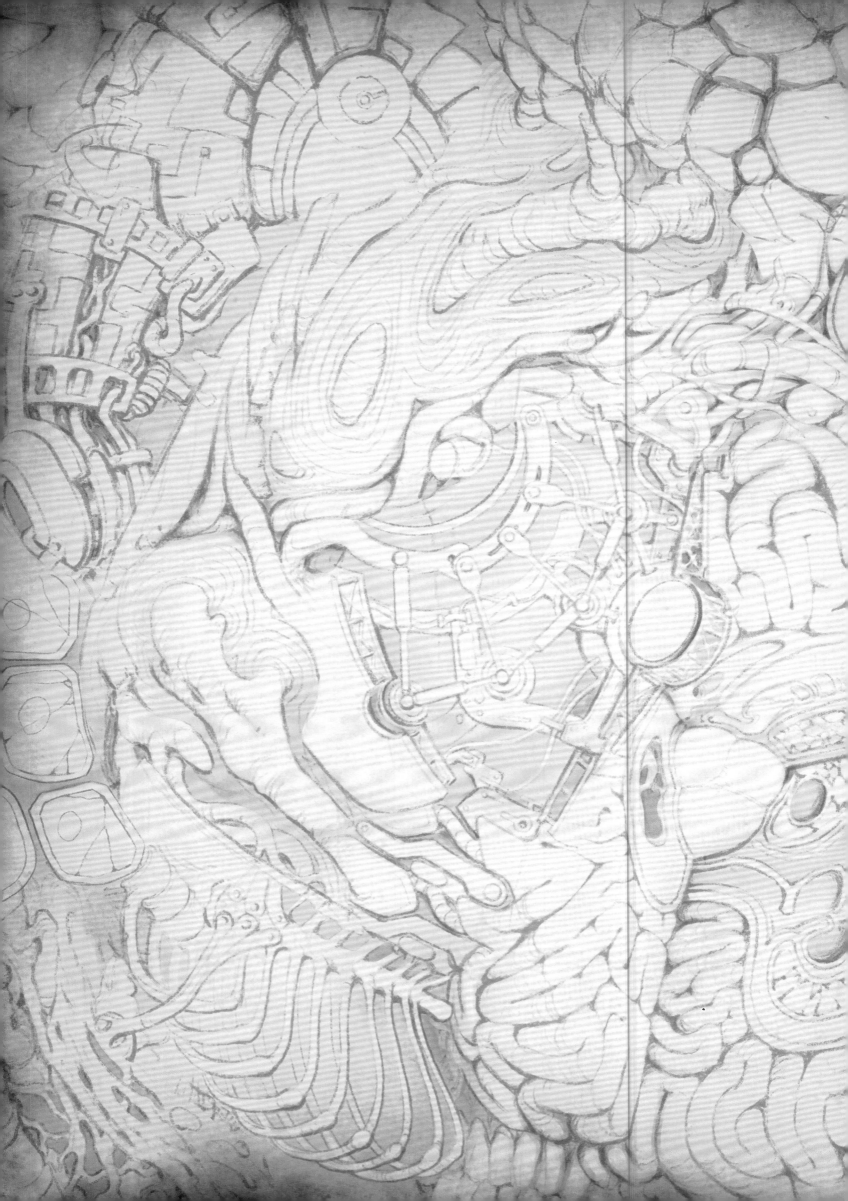